节理岩体破坏过程模拟及参数确定方法研究

林兴超 著

中国水利水电出版社
www.waterpub.com.cn
·北京·

内 容 提 要

节理岩体变形破坏全过程模拟和强度、变形等工程力学特性参数确定，一直是岩土工程界长期关注的热点和难点问题。本书针对这一难题，开展了室内物理模型试验，揭示了节理岩体变形破坏机理；实现了基于数值流形法节理岩体变形破坏全过程模拟；建立了反映岩体结构特征和破坏机制的大尺度数值仿真试验平台。为节理岩体工程力学特性参数确定提供了一种科学有效的技术方法。主要内容包括绪论，典型结构面分布形式的岩体直剪试验研究，数值流形法基本原理及程序改进，节理岩体变形、破坏、扩展演化全过程数值仿真模拟，基于数值仿真试验的节理岩体工程力学特性研究，以及结论、创新点与展望。

本书可供水利、水电、土木、交通和矿山等领域的科研、设计和施工人员使用和阅读，也可供高等院校相关专业的师生参考。

图书在版编目（ＣＩＰ）数据

节理岩体破坏过程模拟及参数确定方法研究 ／ 林兴超著. -- 北京 ： 中国水利水电出版社，2021.2
ISBN 978-7-5170-9469-2

Ⅰ．①节… Ⅱ．①林… Ⅲ．①节理岩体－损伤(力学)－岩土力学模型－参数－研究 Ⅳ．①TU45

中国版本图书馆CIP数据核字(2021)第043145号

书　　名	节理岩体破坏过程模拟及参数确定方法研究 JIELI YANTI POHUAI GUOCHENG MONI JI CANSHU QUEDING FANGFA YANJIU
作　　者	林兴超　著
出版发行	中国水利水电出版社 （北京市海淀区玉渊潭南路 1 号 D 座　 100038） 网址：www.waterpub.com.cn E-mail：sales@mwr.gov.cn 电话：(010) 68545888（营销中心）
经　　售	北京科水图书销售有限公司 电话：(010) 68545874、63202643 全国各地新华书店和相关出版物销售网点
排　　版	中国水利水电出版社微机排版中心
印　　刷	北京中献拓方科技发展有限公司
规　　格	170mm×240mm　16 开本　10.75 印张　187 千字
版　　次	2021 年 2 月第 1 版　2021 年 2 月第 1 次印刷
定　　价	**68.00 元**

序

    岩石之所以是岩石，就是因为节理、裂隙、断层等不连续性。这种不连续性跨越了多个尺度，从长达数十公里的断层，到数十米的裂隙，几十厘米的节理，再到毫米级的纹理，这些不连续性，或者潜在的不连续性控制着岩石的行为。这种跨尺度的不连续性给岩体性质的描述和模拟带来了极大的困难。

    本书针对岩体的不连续性进行研究，做了一些深入基础的工作。从试验和数值模拟的角度对节理岩体的演化和破坏行为进行了仔细的考察、分析，加深了我们对岩体行为的认识，并给出了可靠的节理岩体参数的确定方法。这本书的内容，不仅对从事岩体行为研究的研究生和科研工作者具有非常强的启发和借鉴作用，而且对从事相关工作的工程师有很强的指导作用，能够帮助他们理解不连续性及其对岩体性质的影响，帮助他们选择更合理岩体参数。

    本书作者是一位踏实努力、富有洞察力和创造力的青年学者和科研工程师，学习和继承了石根华、陈祖煜、汪小刚等前辈的探索和求真精神，在这个喧嚣的年代做这种深入基础的工作，非常难得和可贵。科研就是这样，板凳坐十年冷，宝剑锋自慧眼开！祝愿作者的学术之树常青，问道之心常在。

李　旭

2021 年元月于北京

前　言

岩体作为一种工程介质，常见于水利水电、交通和矿山等领域，其强度、变形等工程力学特性直接关系到工程的经济和安全。

岩体是长期地质构造运动的产物，包含大量不连续结构面，如断层、节理、层理、裂隙等。这些结构面相互交切形成了特定的岩体结构，这种复杂的结构特征决定了岩体的破坏机理和强度、变形等工程力学特性。大量工程实践表明，岩体的变形、破坏和失稳通常是岩体内部结构面变形、破坏、扩展乃至贯通引起的。因此，要研究节理岩体强度、变形等工程力学特性首先要了解节理岩体中结构面变形、破坏、扩展、贯通演化规律。

针对节理岩体破坏过程和强度、变形特征问题，本书通过人工制备典型结构面分布的岩体进行室内直剪试验，研究节理岩体变形、破坏、扩展演化过程；引入断裂力学基本概念，采用数值流形法实现节理岩体变形、破坏、扩展演化全过程仿真模拟；在此基础上开展了数值仿真试验确定节理岩体工程力学特性参数的研究。主要研究工作包括以下几个方面：

（1）在制作典型节理岩体制模装置、优化试验检测系统基础上设计了整体试验方案。对节理岩体中节理、岩桥的变形、破坏、扩展演化过程开展室内直剪试验研究，获得了 7 种岩体模型在剪切荷载作用下的破坏演化过程试验数据和图像资料，为节理岩体变形、破坏、扩展演化全过程模拟和强度、变形特性研究提供原始试验数据。

（2）研究了 7 种岩体模型、35 条应力-应变曲线，将应力-应变曲线归纳为 5 种类型：滑动型、屈服型、剪断型、脆断型、剪断复合型，并给出每种类型应力-应变曲线的特征和判断依据。研究表明岩体中包含的结构面形状和法向应力决定应力-应变曲线类型，随着法向应力的增大，剪断复合型逐渐向剪断型转化、剪断型逐渐向屈服型转化。

（3）对数值流形法程序进行了考核，发现原有数值流形法在计算过程中改变惯性矩阵、重力场矩阵时，忽略了"质量守恒"，通过在流形元的分步计算中修正单元密度以实现"质量守恒"，提高了计算的精度。在矩阵表达式的二维块体搜索基础上提出了虚拟节理技术，保证节理分布不会因为块体搜索而改变长度，并开发了数值试验模型自动生成程序。

（4）通过推导三维几何信息关系判断的矢量运算公式，构建了三维空间块体搜索的矩阵表达式，实现了任意几何形态的三维块体搜索，为开展节理岩体三维研究奠定了基础，对未来研究进行了初步探索。

（5）引入断裂力学应力强度因子的基本概念，采用围线积分法计算裂纹尖端应力强度因子、最大周向应力准则确定节理扩展准则和扩展方向。该研究解决了节理岩体破坏过程中数学单元、物理单元的重构及应力传递问题，并进一步开发了节理岩体变形、破坏、扩展演化全过程模拟程序。利用节理岩体中节理、岩桥不同搭接形式剪切破坏演化过程的室内直剪试验和单轴压缩试验对模拟程序进行验证。验证结果表明，节理岩体变形、破坏、扩展演化全过程模拟程序结果与试验结果具有很好的几何一致性，所开发的程序能够模拟节理岩体变形、破坏、扩展演化全过程。

（6）进行了大量的节理岩体数值仿真试验，并在大样本数值仿真试验的基础上，提出了确定节理岩体工程力学特性参数和影响参数的尺寸效应、各向异性特性的方法和思路，为节理岩体工程力学特性研究提供了一种科学有效的技术手段。

感谢国家重点研发计划"水资源高效开发利用"重点专项"十三五"（2018YFC0407000）；国家自然科学基金青年基金（51809289）；中国水利水电科学研究院人才基金项目（GE0145B462017 和 GE0145B692017）对本书的支持。

著者

2020 年 12 月

目　录

第1章 绪 论

1.1 概述

岩体作为一种工程介质，常见于水利水电、交通和矿山等领域，节理岩体的工程力学特性是进行工程设计的前提和基础，直接关系到工程的经济和安全[1]。

岩体是长期地质构造运动的产物，包含大量不连续结构面，如断层、节理、层理、裂隙等，这些结构面相互交切形成了特定的岩体结构，岩体介质特有的复杂结构特征，使其工程力学特性的确定变得十分困难。长期以来，如何合理地确定节理岩体的工程力学特性一直是岩石力学界广泛关注而又未能很好解决的热点和难点问题[2]。典型节理岩体照片如图 1.1 所示，岩体强度、变形随节理密度变化曲线如图 1.2 所示。

图 1.1 典型节理岩体照片

在人类工程活动历史中，由于对岩体工程力学特性认识不足而导致事故的例子很多。例如：1959 年法国马尔帕赛薄拱坝由于坝基岩体沿着倾斜结构面滑动而导致溃决[3]；1963 年意大利瓦依昂水库库区左岸发生 $2.5 \times 10^8 \mathrm{m}^3$ 的大滑坡，滑坡激起涌浪，溢过坝顶冲向下游，造成 2500 多人丧生[2]；1980 年湖北远安盐池河磷矿由于采矿导致上部节理岩体变形破坏，约

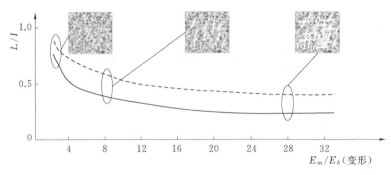

图 1.2　岩体强度、变形随节理密度变化曲线[2]

有 $1 \times 10^6 \mathrm{m}^3$ 的岩体急速崩落，摧毁矿务局和坑口全部建筑物，死亡 280 人[4]。上述工程失事实例表明节理岩体失稳通常是岩体内部结构面变形、破坏、扩展直至贯通引起的。因此，要研究节理岩体强度、变形等工程力学特性首先要了解节理岩体中结构面变形、破坏、扩展、贯通的演化规律。

岩体破坏是节理和节理之间岩体（称为岩桥）的共同破坏，由于节理空间分布的复杂性，节理和岩桥在岩体破坏过程中的变形、破坏、扩展演化规律及强度贡献问题至今仍没有很好地解决。

综上所述，开展节理岩体破坏演化规律和参数确定方法研究具有重要的理论意义和广阔的应用前景。

将节理岩体简化后进行物理模型试验是研究节理和岩桥变形、破坏、扩展规律、强度特征最直接有效的方法。根据试验方式的不同，可分为单轴、双轴和直剪试验三类。其中直剪试验能够更好地模拟节理岩体破坏时的受力特征，是研究节理岩体搭接破坏的有效手段。

物理模型试验由于受试验条件、试样尺寸、试样数量和试验经费等限制，难以完全满足研究工作和工程实际需求。随着计算机技术的飞速发展，数值仿真方法不断进步。1992 年石根华博士提出的节理数值流形法（numerical manifold method，NMM），结合了非连续变形分析方法（discontinuous deformation analysis，DDA）和有限元法（finite element method，FEM）的优点，通过两套网格（物理网格和数学网格）实现了非连续块体接触和网格内部应力应变的统一处理，非常适合节理岩体这种断续介质的模拟分析，为研究节理和岩桥在岩体破坏过程中的变形、破坏、扩展演化规律及工程力学特性参数确定的方法提供了可行的模拟分析方法。

本书主要针对节理岩体破坏过程中，节理和岩桥变形、破坏、扩展演化规律问题，开展室内试验和数值仿真模拟研究，为节理岩体工程力学特性参数的获取提供技术支撑。下一节将围绕节理岩体的室内试验和数值仿真方法两个方面，分析国内外研究现状及发展动态，并总结归纳出尚存在的问题和挑战。

1.2 国内外研究现状

1.2.1 节理岩体物理试验研究现状

在实际岩体中，结构面的分布形态是十分复杂的，包括一些规模较大的层面、软弱夹层、断层等Ⅲ级以上结构面以及大量呈随机分布的Ⅳ、Ⅴ级节理裂隙面。根据研究对象的不同室内试验关注的侧重点也不相同：对于规模较大的结构面室内试验主要关注结构面的工程力学特性，其几何特定采用传统的地质勘查方法查明；对于包含大量Ⅳ、Ⅴ级随机结构面的节理岩体，室内试验主要关注非贯通结构面条件下，节理、岩桥破坏搭接破坏形式及该形式下节理岩体综合工程力学特性，根据试验加载方式的不同可以分为轴向加载破坏试验（单轴或者双轴）和剪向加载破坏试验（直剪试验）。谷德振[5]提出了结构面的几种分类。

本节主要从结构面试验、单轴试验和直剪试验三个方面论述节理岩体物理试验研究现状。

1.2.1.1 结构面试验

国内外对节理面力学特性开展了较多研究工作，也相对较为成熟，但是针对结构面的研究成果很难反映工程中常见的非贯通节理岩体的变形和受力特征。结构面的室内试验研究主要包括变形、强度特性研究两个方面。

（1）结构面变形特性方面的研究。Goodman、Taylor 在室内结构面试验基础上，提出了法向荷载作用下结构面变形的经验公式和 Goodman 单元处理数值计算中接触面的模拟[6-7]；Bandis 等[8]对 5 种不同结构面形式的试样进行重复加载—卸载循环直剪试验，给出了法向变形和结构面粗糙度之间的定量关系曲线；Kim、Cremer[9]通过试验对含有柱状节理的岩体进行试验研究，评价其变形模量和强度参数；李建林等[10-12]通过制作不同倾角节理的岩体三轴卸荷试验，研究卸荷条件下节理岩体的应力-应变关系、变形特征，得到不同倾角条件下变形特征。

（2）结构面强度特性方面的研究。Barton[13-14]，Barton、Choubey[15]、Barton、Bandis[16]通过现场调查和室内试验结果统计提出了考虑节理面粗糙度的 Barton 公式。Patton[17]在室内试验观测结果基础上，提出了节理岩体双直线剪胀公式，考虑了岩体破坏过程中的爬坡效应；肖维民等[18]根据试验结果，总结柱状节理岩体在单轴压缩应力条件下的 4 种典型破坏模式，并对其破坏机制进行分析。孙旭曙等[19]开展 7 种不同倾角节理试件的超声波波速测试和单轴压缩试验，研究不同倾角的节理面对节理试件力学特性的影响。

Greenwood 和 Wiliamson[20]、Greenwood 和 Tripp[21]、Greenwood[22-24]、夏才初等[25]、李海波等[26]、沈明荣和张清照[27]、杜时贵等[28]、张清照等[29]、罗战友等[30]也都通过试验对结构面强度特性进行过研究。

1.2.1.2 单轴试验

在节理岩体室内试验中，以单轴压缩试验为主。由于单轴压缩试样破坏与节理、岩桥搭接之间的破坏同时发生，研究主要集中在节理的搭接和扩展的起始阶段，无法获得节理岩体贯通后的变形与强度特性。

Einstein、William[32]，Reyes、Einstein[33]通过含有节理的石膏模型进行单轴压缩试验研究节理破坏和搭接过程，发现在单轴压缩条件下节理尖端首先产生扩展裂纹、随着荷载增加在节理之间产生次生裂纹，这些扩展裂纹和次生裂纹最终控制节理之间的搭接形态。Shen 等[34-37]通过石膏模型的节理岩体单轴压缩试验，发现了节理岩体在法向荷载作用下可能出现二次裂纹，节理岩体的破坏是结构面和二次裂纹的综合破坏，并提出相应破坏准则。Chau 等[38-43]开展了一系列节理岩体单轴压缩条件下裂纹扩展试验，分别进行了一条节理、两条节理、三条节理及圆形缺陷岩体的破坏试验，提出了节理之间岩体搭接准则。李术才和朱维申[45]、张波等[46-47]以相似材料模拟脆性岩石材料制作含预置裂隙（单一裂隙和交叉裂隙）试件，在刚性试验机上对试件进行单轴压缩试验，研究了裂隙充填与否对节理岩体强度峰值及峰后塑性变形能力的影响。朱维申等[48]通过双轴压缩试验研究闭合雁形裂纹的起裂、扩展和岩桥的贯穿机理，提出三种岩桥破坏模式：剪切破坏、拉剪复合破坏、翼裂纹扩展破坏。任建喜等[49-50]研制了CT（computerized tomography）机专用三轴加载试验设备，完成了岩石单轴压缩试验，得到了清晰的岩石破坏全过程中微孔洞被压密、微裂纹萌生、发展过程，将岩体破坏过程划分为 5 个阶段。李宁等[51]通过节理岩体循环荷载作用下的单轴压缩试验，得到了节理岩体中节理几何特性对动变形特性影响的规律。陈新等[52-53]进行含一组张开预置节理石膏试件的单轴压缩试验，研究节理组的产状和节理连通率的连续变化对张开断续节理岩体单轴压缩强度和弹性模量及应力-应变曲线的影响。

1.2.1.3 直剪试验

在外部荷载和岩体自重相互作用下，岩体中节理可能变形、破坏、扩展甚至贯通滑动。许多情况下，节理岩体的受力可以转化两个相互垂直的主要受力方向：大坝坝基岩体主要受坝体自重的法向力和水荷载作用下的切向力；拱坝坝肩岩体所受的拱推力可以转化为垂直坡面的法向力和平行于坡面的切向力；岩质边坡在稳定性分析中主要考虑岩体重力和后部岩体传递的下滑力。因此，直剪试验的试验环境与工程上关注的节理岩体失稳破坏模式更为接近。但是，总体而言，节理岩体室内试验中关于非贯通节理岩体直剪试验研究较少。

Lajtai[54-57]在大量节理岩体直剪试验基础上提出了 Lajtai 岩桥破坏理论：按不同的正应力，将岩桥的破坏分为张性破坏、剪性破坏和挤压剪切破坏等 3 种模式；当岩桥应力满足最大拉应力准则时，岩桥发生张拉破坏；当岩桥应力满足莫尔-库仑强度准则时，岩桥发生剪切破坏。

周群力等[58-60]对含张开单节理的石膏和砂浆试样进行直剪试验，将节理岩体破坏过程划分为 4 个阶段：初裂前阶段、裂纹稳定扩展阶段、失稳扩展阶段和摩擦阶段。

范景伟等[61,64]、刘东燕等[62-63]进行不同节理分布形式的二向应力作用下节理岩体强度试验，分析断续节理岩体的压剪断裂强度特性及破坏机理。

白世伟等[65-66]采用激光散斑照相技术和应变化所测量节理岩体破坏过程中的位移场和应力场，提出了平面应力条件下闭合断续节理脆性岩体的初裂强度和贯通破坏强度表达式。任伟中等[67-68]根据室内节理岩体石膏模型试验结果，建立了含共面闭合断续节理岩体的初裂强度和贯通破坏强度准则。

刘远明等[69-75]对不同分布形式的节理岩体进行了大量试验，重点研究了非贯通节理岩体贯通破坏过程的特点，提出了非贯通节理岩体的 4 种贯通破坏模式：张拉破坏、拉剪复合（以拉为主）破坏、拉剪复合（以剪为主）破坏、剪切破坏。

1.2.2 节理岩体破坏过程数值仿真研究现状

随着计算机技术的飞速发展，数值模拟方法为研究多裂隙节理岩体的工程力学特性提供了有效的工具。根据计算分析介质不同主要可以划分基于连续介质、离散介质和断续介质的数值仿真方法（数值流形法 NMM），本节主要对 3 类方法在对节理岩体破坏过程的模拟中的研究现状进行论述。

1.2.2.1 基于连续介质

连续介质数值计算方法主要包括有限元法（FEM）、边界元法（BEM）、有限差分法（FDM）等，根据节理岩体破坏过程处理方式的不同可以分为以下 3 类。

（1）Henshell 等[79]、Gens 等[78,80]、Cliver[81]、Zhao[82]、付金伟等[83]采用分布式裂隙模拟方法模拟节理岩体破坏过程。该方法以连续介质力学为基础，采用接触面单元或空单元模拟节理，通过应变软化或弹脆性本构模型来模拟裂隙的扩展及其演化过程。该方法要求位移场必须连续，无法模拟真实的多裂隙的岩体结构特征。同时以应变软化来考虑裂隙的扩展，难以反映岩体这类脆性材料断裂破坏的特点。

（2）Chan 等[84]、Sha[85]采用离散式裂隙方法模拟节理岩体破坏过程。该方法也以连续介质为基础，与分布式裂隙模型相比考虑了预置裂缝尖端的断裂破坏问题。但该方法为了计算裂缝尖端应力，必须对裂缝尖端网格进行大量加密，且当裂缝扩展时还要不断引入位移不连续条件并重构网格，工作量十分巨大，因此该方法只适合于模拟少数几条裂隙扩展的情况，无法实现多裂隙体破坏过程的精细模拟。另外，在模拟裂隙受力时常常假设裂隙一旦开裂就不能闭合，没有考虑裂隙面间再次接触的可能，与实际情况有很大的出入。

（3）Tang 等[86-87]、唐春安等[88]、梁正召等[89]、廖志毅等[90]采用 RFPA 对节理岩体进行精细划分，通过单元生死模拟节理岩体破坏过程。该方法从一定程度上解决了节理岩体破坏过程中应力场、位移场不连续和网格重构问题，但是单元破坏消失后同样无法模拟裂隙闭合和再次接触问题。

1.2.2.2 基于离散介质

离散介质的数值计算方法主要包括离散元法（DEM）、非连续变形分析方法（DDA）等。

关于离散元的研究成果在两年一届的国际离散元会议（ICADD）上有一部分记录：Lemos[94]介绍了部分 UDEC/3DEC 在节理岩体破坏过程模拟的结果；Jiao 等[95]在 DDA 的基础上开发可以模拟节理岩体破坏的 DDARF 程序，实现单轴压缩和巴西圆盘试验的数值仿真模拟，得到了与物理试验比较一致的结果；Yu 等[96]对应力、温度耦合条件下节理岩体破坏过程进行模拟；Sun 等[97]将颗粒元引入数值流形法（NMM）中形成颗粒流形法（PMM），并通过 PMM 对节理岩体单轴和巴西圆盘试验进行了模拟；Kim 等[98]通过离散元对有预制裂纹的板张拉破坏进行模拟，动态裂纹扩展通过使用一个基于结构的不同的晶格弹簧模型的数值模拟，论述了该方法在节理岩体动态破坏过程模拟中的潜力。

赵国彦等[99]、Bahaaddini 等[100]、White[101]、刘蕾等[102]均采用离散元模拟节理岩体破坏过程。

基于离散介质的数值模拟方法，假定研究对象是由一系列分割面和相互接触的可动刚性块体组成的块体系统，通过分析块体受力和块体间分割面的接触变化情况来求解整个系统的受力变形和破坏过程。而实际的岩体通常都是由连续体（岩桥）和呈随机分布的非连续面（结构面）共同组成的统一体，很难将其完全概化成一个可动的块体系统，且结构面之间的岩石（岩桥）在受力变形过程中会发生破裂扩展，不能简单作为刚体来对待。

1.2.2.3 基于断续介质

对总体分析来说，著名的数学流形或许是现代数学的一个最重要的课题，以数学流形为基础，新发展的数值流形法（NMM）是一种普遍意义的数值计算方法[103]。它结合了非连续变形分析方法（DDA）和有限元法（FEM）的优点，通过两套网格（物理网格和数学网格）实现了非连续块体接触计算和块体内部应力应变分析的统一处理，非常适合节理岩体这种断续介质的模拟分析。

数值流形法自 Shi[104-105]提出以来，经历了 20 余年时间。在这期间，国内外学者对其进行了大量研究，取得较大进展。从目前研究现状来看，数值流形法的研究主要有以下几个方面。

（1）在数值流形法单元生成方面。张大林等[106]采用波前法思想对数值流形法自动剖分进行研究；韩有民等[107]对裂纹扩展时数值流形法编码格式进行研究；凌道盛等[108]提出了数值数学单元法的后验误差估计方法和数学单元自适应技术，并编制了相应的程序，通过算例表明：经过网格自适应可得到质量较理想的数学单元。李海枫等[109]改进了三维流形切割方法，将二维流形编码系统推广到三维，实现了三维数学单元的生成。上述研究主要针对不同形态网格数学单元的生成，关于节理岩体这种特殊结构的单元网格生成方法研究较少。

（2）在高阶数值流形法方面。Chen 等[110]对高阶物理覆盖位移函数进行研究，并给出了二阶位移函数的具体表达式；张国新[111]在原有一节数值流形法上开发推导了二阶流形元法数值计算模型；王水林等[112]、Grayeli 等[113]都对数值流形法高阶形式进行研究。研究结果表明数值流形法可以通过高阶位移函数提高计算精度，且效果明显。

（3）其他方法与数值流形法的结合方面。Lin、Mo[114]首次采用了基于无单元法的数值流形法，该方法没有数学单元和物理网格的概念，通过在几何边界内分布节点，以节点为基点建立数学覆盖和覆盖函数，再使用伽辽金加权余量法建立控制方程组，进而求出各节点的位移；周维垣等[115]将该方法应用于岩石力学工程问题求解中。王芝银等[116-117]建立了大变形分析流形方法的计算公式，并对固定点矩阵、分布荷载矩阵进行改进；王书法等[118]利用参变量变分原理建立了弹塑性分析的数值流形方法；李树忱等[119]从加权残数法出发建立拉普拉斯方程数值流形方法的求解方程，进而建立基于拉普拉斯方程的数值流形法；苏海东等[120]采用平面矩形数学单元，针对无黏、无旋、不可压缩流体和无阻尼的固体结构，提出了分析流固耦合系统简谐振动的高阶流形法公式，将流形法应用于交界面耦合的流固振动分析；朱爱军等[121]建立流形元与 DDA 块体的接触方程，实现了流形方法框架下的连续介质和散体系统共同作用模拟。这些研究一定程度上拓宽了数值流形法的研究方向和适用范围。

（4）在裂纹扩展模拟方面。由于数值流形法采用两套网格，使得进行裂纹扩展模拟时数学单元可以保持不变，极大简化了裂纹扩展过程中网格重构的问题，非常适合裂纹扩展的模拟。因此数值流形法应用研究主要集中在对裂纹扩展的模拟上。Zhang 等[122]首先将数值流形法应用于热应力作用下的裂纹扩展模拟，并给出裂纹扩展的判断准则；Chiou 等[123]、Tsay 等[124]把数值流形法和断裂力学结合来研究裂纹扩展及尖端应力场；王水林等[125-126]介绍了数值流形法的基本原理及其在模拟裂纹扩展中的实现过程，并根据线弹性断裂力学原理，引入改进的拉格朗日乘子法处理材料界面的接触摩擦，通过围线积分法计算裂纹尖端的应力强度因子，利用数值流形法追踪岩体试件受压裂纹扩展的过程，这些研究标志着数值流形法与断裂力学结合的开始；Chiou 等[127]利用虚位移扩展法来研究混合节理扩展问题，克服了张开位移法依赖于经验的缺点；Ma 等[128]、Zhang 等[129]通过数值流形法对多裂隙条件下裂纹扩展过程进行模拟，并得到较为合理的结果。此外，田荣[130]、彭华[131]、彭自强[132]、李树忱[133]等都对数值流形法在裂纹扩展模拟进行过较系统的研究。

（5）在三维数值流形法方面。王书法等[134]引入改进的平面模型解决三维空间问题，并通过洞室开挖算例验证方法的有效性；郑榕明等[135]建立了基于六面体网格的三维数值流形法物理覆盖的位移函数，并引入向量理论和迭代方法，避开了三维接触问题；姜清辉等[136-137]建立了三维数值流形法二阶位移函数，提高了三维数值流形法计算精度，并探讨了三维数值流形方法中锚杆的计算模型和实现方法，将三维数值流形法应用于锚固工程中；Wu[138]对三维接触问题进行了研究，通过边-边接触算法将三维边-边接触转换为点-面接触。此外，Grayeli 和 Hatami[139]、Cheng 和 Zhang[140]、Jiang 等[141]也对三维数值流形法进行了研究。关于三维数值流形法的研究较多，但大多数研究均是对三维数值流形法中部分问题或特定条件下问题的求解，并没有形成理论严密、完整的三维数值流形法。

（6）在数值流形法应用方面。朱爱军等[142]提出了用数值流形法模拟岩土工程开挖卸荷的方法，数值流形法在模拟开挖过程中不用计算开挖面的释放荷载，不用为卸除材料准备专门的单元，简单的数学单元可以适应任何开挖方案，使其对开挖过程模拟更加方便有效；张国新等[143]将数值流形法应用于倾倒边坡破坏模拟中；林绍忠等[144]将数值流形法应用于大体积混凝土结构的温度应力仿真分析中；刘红岩等[145]将数值流形法应用于岩土在冲击荷载作用下的破坏过程模拟。这些方面的研究，极大丰富了数值流形法在工程应用中的范围，拓展了其发展的空间。

1.3 拟解决的关键问题

根据已有研究成果，本书拟解决以下关键问题：

（1）节理岩桥变形、破坏、扩展演化规律。本关键问题的核心是直剪试验条件下，节理岩桥变形、破坏、发展直至贯通滑动的演变规律。它包括五个方面的内容：一是节理分布形式统计及模式概化；二是包含典型节理分布形式的岩体试件的制作；三是节理岩体直剪试验使节理岩桥变形、破坏、发展演变全过程的精细监测和关键数据的提取；四是基于节理岩桥变形、破坏、发展演化规律的强度理论；五是考虑节理岩桥不同破坏形态的临界状态指标体系。

（2）基于数值流形法的节理岩体破坏全过程仿真模拟。本关键问题的核心是节理岩体破坏全过程仿真模拟，它包括四个方面的内容：一是基于节理尖端应力和破坏准则的确定；二是节理扩展方向、扩展距离研究；三是扩展过程中单元应力传递和网格重构；四是与节理岩体强度理论结合的岩体变形、破坏演化全过程模拟。

（3）节理岩体工程力学特性参数研究。本关键问题的核心是以节理岩体破坏过程的模拟为基础，发挥数值计算方法的优势，在大样本数值试验条件下获得统计学意义上的各向异性的节理岩体工程力学特性参数。

1.4　本书主要研究内容

本书针对拟解决的关键问题，开展以下四个方面的研究：

（1）典型结构面分布形式的岩体直剪试验。针对节理岩体室内模型试验问题，开展以下四个方面研究内容：一是通过大量岩体结构面统计规律及现有节理岩体强度理论确定典型的结构面分布模式；二是典型结构面分布形式的岩体直剪试验的试验方案设计；三是节理、岩桥搭接破坏模式研究；四是节理、岩桥搭接破坏强度特性研究。

（2）数值流形基本原理及程序改进。对数值流形法程序进行考核并改进，开展以下三个方面研究内容：一是从最基础的单元刚度矩阵出发对数值流形法程序进行考核，论证数值流形法合理性及适用性；二是根据考核结果对数值流形法中"质量守恒问题"进行探讨并改进程序；三是开发适合节理岩体的数值流形法网格自动生成程序。

（3）基于数值流形法的节理岩体变形、破坏、扩展演化全过程数值仿真模拟。基于数值流形法，开发节理岩体变形、破坏、扩展演化全过程数值仿真程序，开展以下四个方面研究内容：一是基于断裂力学裂纹尖端应力场的计算方法；二是节理扩展判断的几个关键问题：节理扩展准则、扩展方法和扩展距离；三是节理扩展后单元应力传递和网格重构问题；四是程序计算结果与物理模型试验结果的对比验证。

（4）基于数值仿真模拟的节理岩体工程力学特性。在节理岩体变形、破坏、扩展演化全过程模拟基础上，对节理岩体工程力学特性参数进行研究，包括以下三方面：一是节理岩体变形特性；二是节理岩体尺寸效应；三是节理岩体各向异性特性。

1.5　技术路线

本书将针对节理岩体破坏演化过程及工程力学特性参数确定问题，采

1.5 技 术 路 线

用理论分析、模型试验、数值计算相结合的综合研究手段，开展相关的研究工作，拟采用的技术路线如图1.3所示。

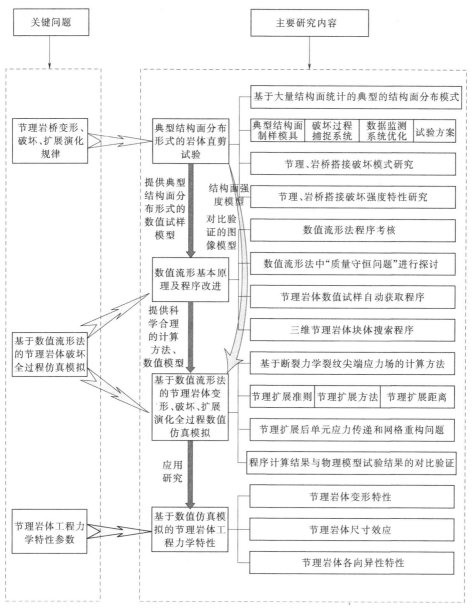

图 1.3 技术路线图

第 2 章　典型结构面分布形式的岩体直剪试验

2.1　引言

将节理岩体简化后进行物理模型试验是研究节理和岩桥变形、破坏、扩展规律、强度特征最直接最有效的方法之一。根据实验方式的不同，可分为单轴、双轴和直剪试验三类，其中直剪试验能够较好地模拟节理岩体破坏时的受力特征（如大坝坝基岩体主要受坝体自重的法向力和水荷载作用下的切向力；拱坝坝肩岩体所受的拱推力可以转化为垂直坡面的法向力和平行于坡面的切向力；岩质边坡在稳定性分析中主要考虑岩体的重力和后部岩体传递的下滑力）。因此，直剪试验是研究节理岩体搭接破坏的有效手段。

本章主要根据 5 种节理岩桥的基本形式[147]制作节理岩体试样，通过直剪试验研究节理岩体变形、破坏、扩展演化规律和强度特征，研究内容和技术路线如图 2.1 所示。

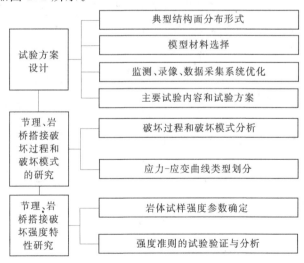

图 2.1　本章主要研究内容和技术路线图

2.2 典型结构面分布形式的岩体直剪试验方案设计

2.2.1 模型材料的选择与参数

由于现场采样困难，节理岩体试样通常采用石膏、水、水泥、砂子等材料按一定比例混合浇筑而成，通过调整配比模拟不同岩体的强度；浇筑过程中预埋钢片、砂纸等模拟节理，通过预埋件厚度、处理方式和材料等模拟不同结构面的特性。Reyes 和 Einstein[33]、Bobet 和 Einstein[44]、白世伟等[65]、刘远明[74]、张波等[47]均采用这种方法模拟节理岩体。

通过室内配比对比试验，以材料度和制模方便为控制指标确定最终使用的配比（质量比）为砂子：水泥：水＝3：2：1.13；进行铁片拔出时机对比试验，确定模型浇筑完成后 8h 拔出铁片；通过室内试验（单轴压缩试验、抗拉试验等）测定模拟材料的特性参数，见表 2.1。

表 2.1　　　　　　　　　模拟材料的特性参数

模拟材料配比	弹性模量/GPa	泊松比	抗压强度 σ_{bc}/MPa	抗拉强度 R_m/MPa	密度/(kg/m³)
砂子：水泥：水 3：2：1.13	3.5	0.16	14	1.65	2100

2.2.2 典型结构面分布形式及节理成型设备的研制

2.2.2.1 典型结构面的分布形式

由于试验条件限制，通常需要将节理岩体的结构面进行简化，表 2.2 中

表 2.2　　　　　　　　　国内外节理岩体简化模型

文献	模型示意图	描述
Lajtai[55]	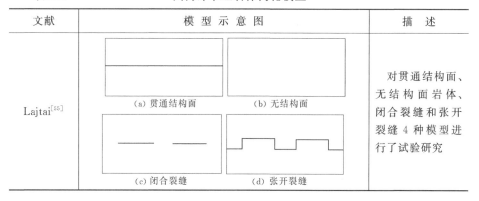　(a) 贯通结构面　(b) 无结构面　(c) 闭合裂缝　(d) 张开裂缝	对贯通结构面、无结构面岩体、闭合裂缝和张开裂缝 4 种模型进行了试验研究

文献	模 型 示 意 图	描　述
Shen[34]		单节理和双节理的各种组合
白世伟[65]	 (a) A 型　　(b) B 型	一组平行节理不同分布类型（单位：cm）
Gehle[146]		5 条平行节理
刘远民[74]		5 种结构面分布类型

文献	模 型 示 意 图	描　述
Zhao[82]	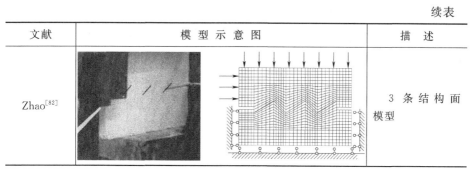	3 条 结 构 面模型

注　表中所有图为引用文献中原图。

列出了部分国内外关于节理分布的模型。目前节理岩体试样的研究主要集中在单组平行节理搭接破坏过程的研究，很难真实反映节理岩体真实破坏特征。

针对节理岩体中Ⅳ类、Ⅴ类随机结构面分布特征，汪小刚等[147]提出了节理岩桥搭接的 5 种基本形态，本次试验以此为基础设计了 7 种岩体模型，如图 2.2 所示。

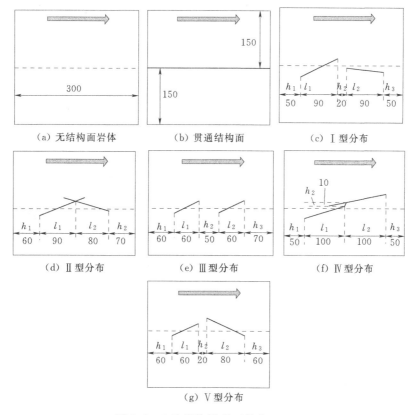

图 2.2　7 种岩体模型（单位：cm）

2.2.2.2 节理成型设备的研制

根据典型结构面分布形式，专门设计制作了制样模具，模具主要包括两个部分：模型框和节理成型设备。

模型框由高强度灰塑料制作而成，共包含 3×6＝18 个模具，模具内壁尺寸 300mm×300mm×150mm，模型框实物照片如图 2.3 所示。

图 2.3　模型框实物照片

节理成型设备主要由上下固定板和节理模拟材料组成，模型如图 2.4 所示：上定位板长×宽×高为 320mm×100mm×10mm（长度大于 300mm，预留定位孔）；下定位板长×宽×高为 300mm×300mm×10mm；节理模拟材料：白铁皮，厚度 0.7mm，高度 180mm（试样达到初凝后需要拔出节理模拟材料，高出 150mm 的部分预留把手方便节理模拟材料的拔出）。

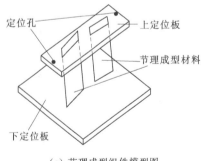

（a）节理成型组件模型图

（b）组装后实物图（铁片未安装时）

图 2.4　节理成型设备模型与实物图

2.2.3　试验设备和仪器

2.2.3.1　试验仪器

试验仪器采用 SAJM－2000 型液压伺服岩石万能试验机，该试验机采用先进的全数字测控技术、电液伺服系统与伺服蠕变保载系统，能够精确实现岩石试验过程中全闭环控制方式。试验力（应力）、变形（轴向应变、径向应变）、位移（压缩率）等主要技术参数见表2.3，试验设备主要构件的照片如图2.5所示。

表2.3   SAJM-2000型液压伺服岩石万能试验机技术参数表

轴向（法向）		
门式一体铸钢框架 刚度大于11GN/m		
试验力	最大试验力/kN	2000
	示值精度	≤±1%
	试验力分辨力	1/180000
	加载速度/(kN/s)	0.01~50
位移	活塞行程/mm	≥100
	测控范围/mm	0~100
	示值精度 FS	≤±0.5%
	分辨力/mm	0.001
试验空间净宽/mm		600
主机结构型式及刚度 k		门式结构、k≥11GN/m
测控器		EDC222
伺服阀		MOOG 公司 D633 系列
水平向（直剪仪）		
铸钢框架 刚度大于3GN/m		
试验力	最大试验力/kN	500
	示值精度	≤±1%
	试验力分辨力/kN	优于 0.003
	测力元件	负荷式测力传感器
位移	活塞行程/mm	≥80
	测量范围/mm	0~80
	分辨力/mm	0.001
变形	测量范围/mm	0~10
	示值精度	≤±0.5%
	分辨力/mm	0.0001
	变形传感元件	差动变压器传感器（法向、剪向各 2 支）
	变形控制速度/(mm/min)	0.004~2

续表

水平向（直剪仪）	
铸钢框架　刚度大于 3GN/m	
试样尺寸：长×宽×高/(mm×mm×mm)	150×150×150、200×200×200、 300×300×300
配套主机	2000kN 门式主机
测控器	EDC222
伺服阀	MOOG 公司 D633 系列
直剪仪框架刚度 k	$k \geqslant 3\text{GN/m}$

　（a）控制计算机　　　　（b）控制柜　　　（c）SAJM－2000 型液压伺服岩石万能试验机

（d）剪切框架

图 2.5　试验设备主要部件

2.2.3.2　测量与监测设备

　　位移、应力传感器使用 SAJM－2000 型液压伺服岩石万能试验机自带传感器。录像设备采用随锐（SUIRUI）HD18A 高清广角频摄像头［如图 2.6（a）所示］；剪切前在试样表面用彩笔绘制参考线，记录剪切过程中试样变形情况［如图 2.6（b）所示］；通过录像系统集成和升级，将剪切试验过程中节理岩体应力变形曲线和摄像头显示结果录制在同一个视频中［如图 2.6（c）所示］。

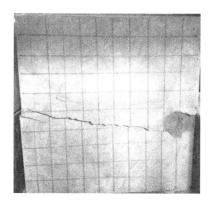

（a）摄像头　　　　　　　　　　（b）试样表面绘制参考线

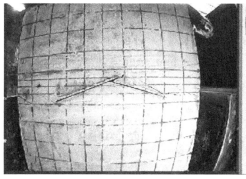
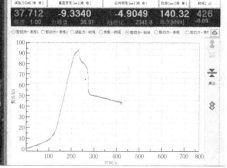

（c）录像设备显示结果

图 2.6　监测系统

2.2.4　试验控制方式和试验参数

直剪试验法向加载采用力控制：先预加载 5kN 的试验力后加载相应荷载级别的试验。切向加载先采用试验力控制：预加载 3kN 试验力，后转化为位移控制，加载速度为 0.5mm/min。

2.2.5　主要试验内容与方案

主要通过对 7 种岩体模型进行不同法向荷载条件下的直剪试验，共计 35 次岩体直剪试验，研究节理岩体破坏的演化过程和强度特性。具体试验方案见表 2.4。

表 2.4　　　　　　　　　　　直 剪 试 验 方 案

岩　体　模　型		法向应力/MPa				
		0.5	1.0	1.5	2.0	2.5
对比模型	无结构面岩体	√	√	√	√	√
	结构面	√	√	√	√	√
典型结构面 分布模型	Ⅰ 型	√	√	√	√	√
	Ⅱ 型	√	√	√	√	√
	Ⅲ 型	√	√	√	√	√
	Ⅳ 型	√	√	√	√	√
	Ⅴ 型	√	√	√	√	√

2.3　节理、岩桥搭接破坏过程和破坏模式

　　进行了 7 种岩体模型 5 级法向荷载条件下的 35 次直剪试验，通过录像设备记录岩体破坏过程，本节主要分析录像成果，研究节理、岩桥搭接的破坏过程和破坏模式，为节理岩体变形、破坏、扩展演化全过程数值仿真模拟提供基础数据。

2.3.1　无结构面岩体、贯通结构面的破坏过程和破坏模式分析

2.3.1.1　无结构面岩体

　　法向应力为 2.5MPa 条件下，无结构面岩体变形、破坏、扩展演化过程如图 2.7 所示。

　　法向应力为 2.5MPa 条件下，无结构面岩体变形可以划分为以下阶段（如图 2.8 所示）：

　　(1) 压密阶段（OA）：试件被压密变形，应力增加缓慢，属于弹性变形。

　　(2) 线弹性变形阶段（AB）：应力、应变呈线性关系，也属于弹性变形。

　　(3) 隐性裂纹阶段（BC）：应力-应变曲线变缓，局部产生宏观不可见的隐性裂纹，属于塑性变形。

　　(4) 微小裂纹阶段（CD）：出现小幅度应力跌落现象后应力继续增大直至达到峰值强度，该阶段应力增加缓慢，试件内裂隙逐渐被压缩直至闭合，从而产生非线性变形。

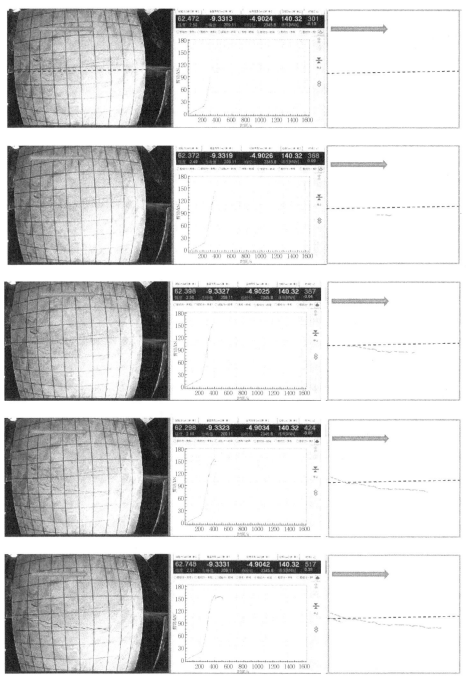

注：图中左侧试样图和加载曲线为视频截图，由于试验机空间布置限制，只能通过
广角摄像头取得试样全景，广角拍摄会造成失真，右侧为消除广角拍摄影响后的素描图。

图 2.7（一）　法向应力为 2.5MPa 条件下，无结构面岩体的变形、破坏、扩展演化过程

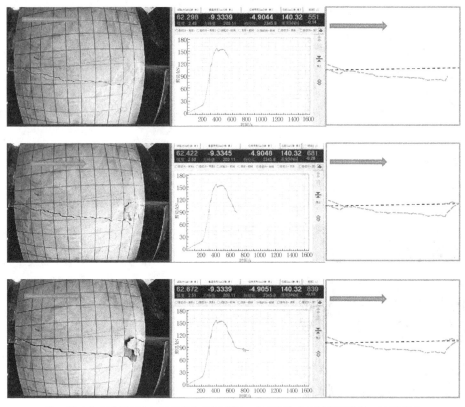

注：图中左侧试样图和加载曲线为视频截图，由于试验机空间布置限制，只能通过
广角摄像头取得试样全景，广角拍摄会造成失真，右侧为消除广角拍摄影响后的素描图。

图 2.7（二）　法向应力为 2.5MPa 条件下，无结构面岩体的变形、破坏、扩展演化过程

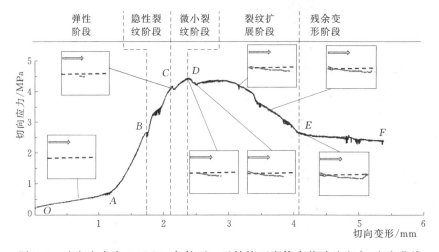

图 2.8　法向应力为 2.5MPa 条件下，无结构面岩体直剪试验应力-应变曲线

（5）裂纹扩展阶段（DE）：宏观裂纹扩展直至贯通，应力逐渐减小。

（6）残余变形阶段（EF）：试件破坏，应力基本保持不变。

上述阶段划分与蔡美峰等[148]关于岩石全应力-应变曲线阶段划分基本一致，但是关注重点不同。

法向应力为 0.5MPa、1.0MPa、1.5MPa、2.0MPa、2.5MPa 的条件下，试件最终破坏形态如图 2.9 所示。图 2.9 中，A 为剪切面起始位置（位移荷载加载位置）；A' 为主裂纹延长线裂纹终点；B 为试样中部主裂纹与剪切面相交位置；C 为贯通裂纹距剪切面最远距离的位置；D 为剪切面终点。

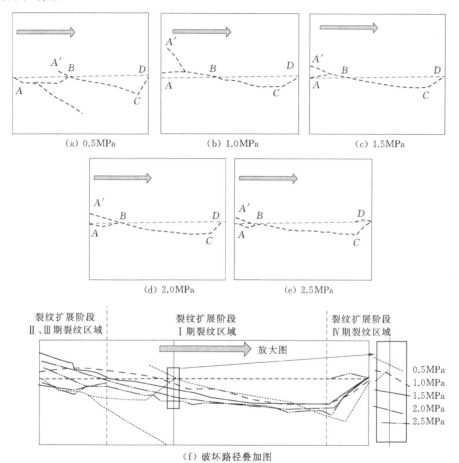

图 2.9 不同法向应力条件下，无结构面岩体直剪试验最终破坏形态

本次试验环境下，当法向应力不同时无结构面岩体裂纹扩展可以分为以下四个阶段：

（1）裂纹扩展阶段 I 期：该阶段对应力-应变曲线中微小裂纹阶段和裂纹扩展前期（与法向荷载及材料特性有关，不一定每条应力-应变曲线都有微小裂纹阶段），主要表现为模型中部产生一条与主剪切面有一定角度的横向裂纹，BC 段中一部分。

（2）裂纹扩展阶段 II 期：裂纹逐渐向起始剪切方向延伸，$A'BC$ 段裂纹。

（3）裂纹扩展阶段 III 期：A 点向主裂纹反向扩展并贯通。

（4）裂纹扩展阶段 IV 期：C 点向 D 扩展并贯通，形成最终的贯通破坏面。

在岩体破坏形式中 A' 点可能发展至岩体边界，也可能不贯通；主裂纹与剪切面的交点 B 随着法向应力的增大逐渐向 A 点靠近，主裂纹与剪切面的夹角逐渐减小，法向应力为 0.5MPa、1.0MPa、1.5MPa、2.0MPa、2.5MPa 条件下，夹角分别为 10.15°、8.26°、7.98°、7.71°、7.44°；贯通破坏面与主剪切面的最大距离随着法向应力的增大总体略有增大，不同法向应力（0.5MPa、1.0MPa、1.5MPa、2.0MPa、2.5MPa）条件下，贯通路径距离剪切面最大的值分别为 34.7mm、27.40mm、27.50mm、28.58mm、28.02mm。

法向应力为 0.5MPa、1.0MPa、1.5MPa、2.0MPa、2.5MPa 条件下，试样直剪试验应力-应变曲线如图 2.10 所示。低法向应力（0.5MPa、1.0MPa、1.5MPa）条件下，应力-变形曲线 B、C 分界点不明显，达到峰值 D 点前主要表现为线弹性，无宏观可见裂纹产生；峰值过后出现明显的应力跌落现象，裂纹迅速产生并扩展，达到裂纹扩展阶段 II 期的水平，存在一定脆性破坏特性。高法向应力（2.0MPa、2.5MPa）条件下，存在多个小的应力跌落区，通过录像可以观察到裂纹的扩展过程。

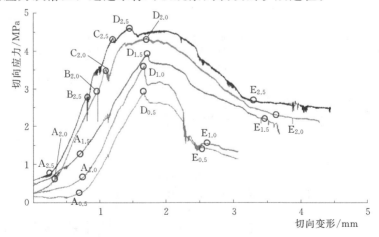

图 2.10　不同法向应力条件下，无结构面岩体直剪试验应力-应变曲线

2.3.1.2 贯通结构面的破坏过程和破坏模式分析

与节理岩体制作过程相同，制作完全贯通的结构面模型：砂子：水泥：水＝3：2：1.13；模型浇筑完成后8h拔出铁片；相同的养护条件。

贯通结构面模型破坏模式相对简单，法向应力为 2.5MPa 条件下，贯通结构面岩体变形、破坏、扩展演化过程如图 2.11 所示。主要分为两个阶段：

（1）弹性变形阶段，剪切力小于摩擦力，岩体压密，属于弹性阶段。

（2）剪切变形阶段，剪切力等于摩擦力，上部岩体沿着剪切方向平行移动。

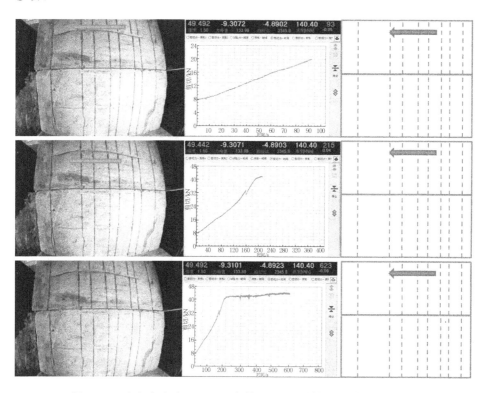

图 2.11 法向应力为 2.5MPa 条件下，贯通结构面岩体破坏过程

2.3.2 典型结构面分布，节理、岩桥搭接的破坏过程和模式分析

2.3.2.1 Ⅰ型节理、岩体搭接的破坏过程和破坏模式分析

法向应力为 1.0MPa 条件下，Ⅰ型结构面搭接变形、破坏、扩展演化过程如图 2.12 所示。

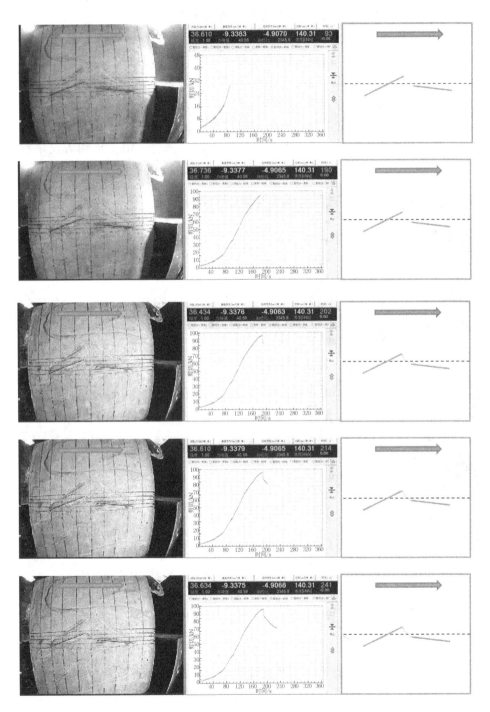

图 2.12（一）　法向应力为 1.0MPa 条件下，Ⅰ型结构面搭接变形、破坏、扩展演化过程

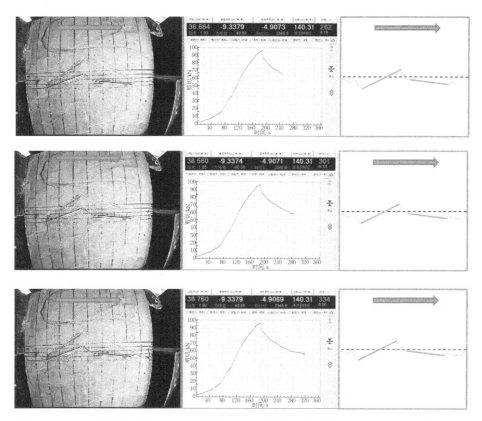

图2.12（二） 法向应力为1.0MPa条件下，I型结构面搭接变形、破坏、扩展演化过程

法向应力为1.0MPa条件下，I型节理岩体应力-应变曲线可以划分为以下阶段（如图2.13所示）：

（1）压密阶段（OA）：试件被压密变形，应力增加缓慢，属于弹性变形。

（2）线弹性变形阶段（AB）：应力、应变呈线性关系，也属于弹性变形。

（3）隐性裂纹阶段（BD）：应力-应变曲线变缓，局部产生宏观不可见的隐性裂纹，属于塑性变形。

（4）裂纹扩展阶段（DE）：宏观裂纹扩展直至贯通，应力逐渐减小。

（5）残余变形阶段（EF）：试件破坏，应力基本保持不变。

与无结构面岩体相比，缺少微小裂纹阶段。

法向应力为0.5MPa、1.0MPa、1.5MPa、2.0MPa、2.5MPa条件下，试件最终破坏形态如图2.14所示。图2.14中，A为剪切面起始位置（位

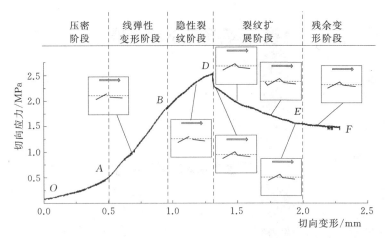

图 2.13　法向应力为 1.0MPa 条件下，Ⅰ型节理岩体应力-应变曲线

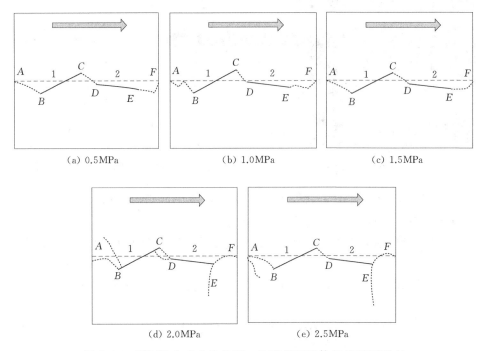

（a）0.5MPa　　　　　（b）1.0MPa　　　　　（c）1.5MPa

（d）2.0MPa　　　　　（e）2.5MPa

图 2.14　不同法向应力条件下，Ⅰ型节理岩体最终破坏形态

移荷载加载位置）；B 为节理 1 的起点；C 为节理 1 的终点；D 为节理 2 的起点；E 为节理 2 的终点；F 为剪切面的终点。

本次试验环境下，不同法向应力条件下Ⅰ型节理岩体表现为明显的节理、岩桥搭接破坏模式，该破坏模式可以分为以下三个阶段：

（1）节理间的搭接破坏：节理岩体的强度达到峰值强度后，出现应力跌落现象，两条节理之间（*CD*）搭接破坏。

（2）起点与节理间的搭接破坏：随着切向位移、荷载的继续施加，剪切面起点发生破坏并逐渐向节理 1 扩展，最终 *AB* 段贯通破坏。

（3）节理与终点间的搭接破坏：节理 2 继续向剪切面终点扩展，最终形成贯通破坏区。

高法向应力（2.0MPa、2.5MPa）条件下，在 *B* 点可能出现向试样顶部发展的拉裂缝，在 *E* 点可能出现向试样底部发展的拉裂缝，由于拉裂缝的存在，*EF* 段裂缝的分布形式由"下凹"型改变为"上凸"型。

法向应力为 0.5MPa、1.0MPa、1.5MPa、2.0MPa、2.5MPa 条件下，试样直剪试验应力-应变曲线如图 2.15 所示。不同法向应力作用下，应力-应变曲线阶段划分基本一致；低法应力（0.5MPa、1.0MPa、1.5MPa）条件下，试件强度达到峰值强度后出现明显的应力跌落，高法向应力（2.0MPa、2.5MPa）条件下，应力跌落现象不明显。

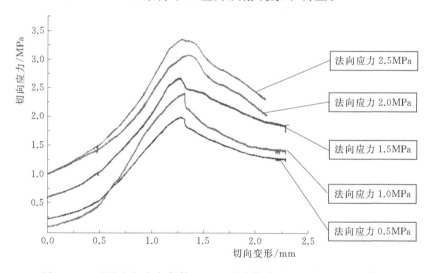

图 2.15　不同法向应力条件下，Ⅰ型岩体直剪试验应力-应变曲线

2.3.2.2　Ⅱ型节理、岩体搭接的破坏模式和破坏模式分析

法向应力为 1.0MPa 条件下，Ⅱ型结构面搭接变形、破坏、扩展演化过程如图 2.16 所示。

法向应力为 1.0MPa 条件下，Ⅱ型节理岩体应力-应变曲线如图 2.17 所示，阶段划分与Ⅰ型节理岩体应力-应变曲线一致。

法向应力为 0.5MPa、1.0MPa、1.5MPa、2.0MPa、2.5MPa 条件下，

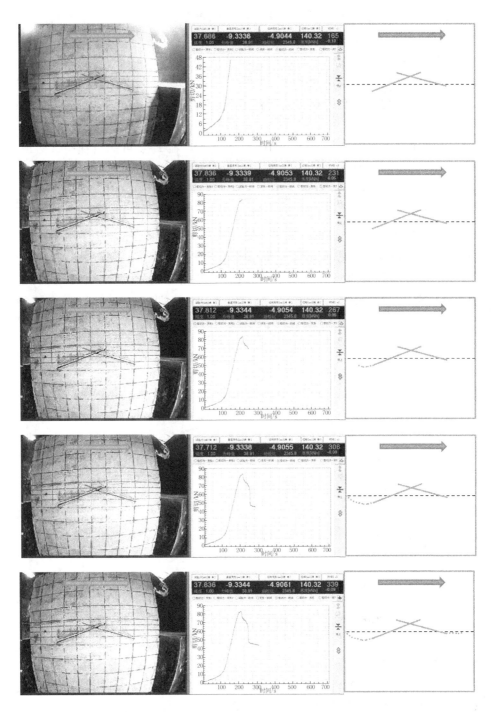

图 2.16（一）　法向应力为 1.0MPa 条件下，Ⅱ型节理岩体的变形、破坏、扩展演化模式

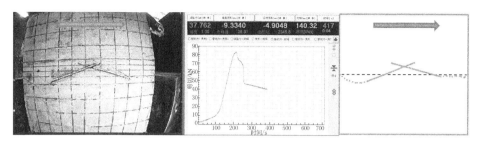

图 2.16（二）　法向应力为 1.0MPa 条件下，Ⅱ型节理岩体的变形、破坏、扩展演化模式

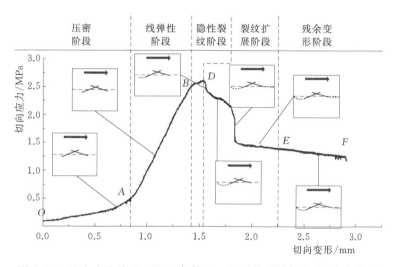

图 2.17　法向应力为 1.0MPa 条件下，Ⅱ型节理岩体应力-应变曲线

试件最终破坏形态如图 2.18 所示。图 2.18 中，A 为剪切面的起始位置（位移荷载加载位置）；B 为节理 1 的起点；C 为节理 1、2 的交点；D 为节理 2 的终点；E 为剪切面的终点。

本次试验环境下，在法向应力不同时Ⅱ型节理岩体表现为明显的节理、岩桥搭接破坏模式，该破坏模式可以分为以下两个阶段：

（1）起点与节理间搭接破坏：随着切向位移、荷载的施加，节理 1 与起点间发生破坏，并逐渐向起点位置扩展，最终 BA 段贯通。

（2）节理与终点间的搭接破坏：节理 2 继续向剪切面终点扩展，最终形成贯通破坏区。

高法向应力（2.0MPa、2.5MPa）条件下，在 B 点可能出现向试样顶部发展的拉裂缝，在 D 点可能出现向试样底部发展的拉裂缝。

法向应力为 0.5MPa、1.0MPa、1.5MPa、2.0MPa、2.5MPa 条件下，

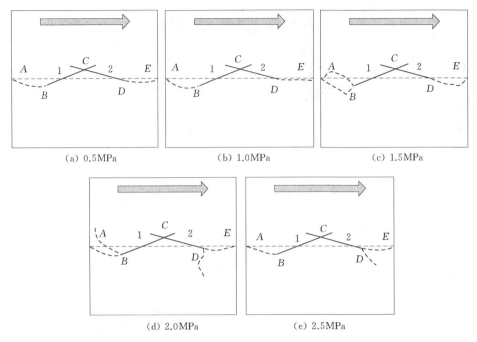

（a）0.5MPa

图 2.18　不同法向应力条件下，Ⅱ型节理岩体最终破坏形态

试样直剪试验应力-应变曲线如图 2.19 所示。不同法向应力作用下，应力-应变曲线阶段划分基本一致；低法应力条件下（0.5MPa、1.0MPa、1.5MPa、2.0MPa）法向应力条件下，试件强度达到峰值强度后出现明显的应力跌落，高法向应力条件下（2.5MPa）应力跌落现象不明显。

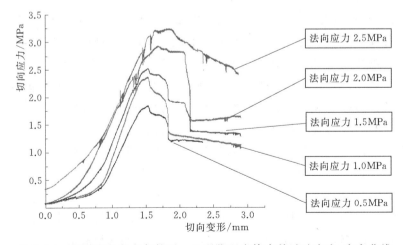

图 2.19　不同法向应力条件下，Ⅱ型节理岩体直剪试验应力-应变曲线

2.3.2.3　Ⅲ型节理、岩桥搭接破坏模式分析

法向应力为 2.5MPa 条件下，Ⅰ型结构面搭接变形、破坏、扩展演化过程如图 2.20 所示。

法向应力为 2.5MPa 条件下，Ⅲ型节理岩体应力-应变曲线如图 2.21 所示，应力-应变曲线划分与Ⅰ型节理岩体有明显区别。

（1）压密阶段（OA）：试件被压密变形，节理闭合压紧，应力增加缓慢，属于弹性变形。

（2）线弹性变形阶段（AB）：应力应变呈线性关系，也属于弹性变形。

（3）隐性裂纹阶段（BD）：应力-应变曲线变缓，局部产生宏观不可见的隐性裂纹，属于塑性变形。

（4）脆性断裂阶段（DD'）：出现大幅度应力跌落，节理岩桥搭接，瞬间形成贯通破坏。

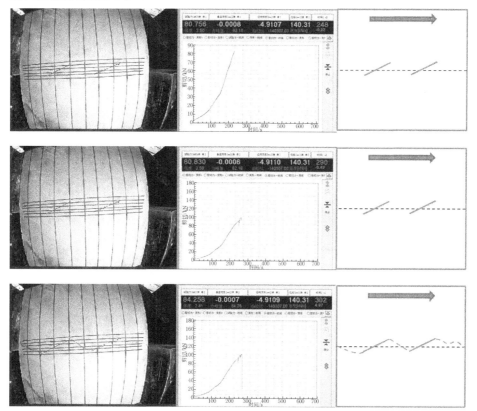

图 2.20（一）　法向应力为 2.5MPa 条件下，Ⅲ型节理岩体的变形、
破坏、扩展演化过程

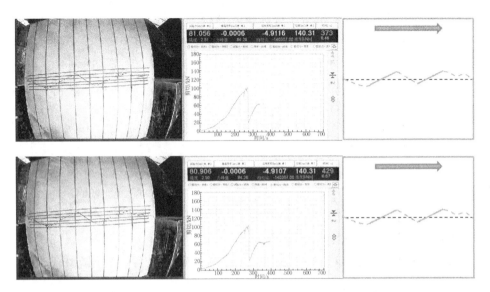

图 2.20（二）　法向应力为 2.5MPa 条件下，Ⅲ型节理岩体的变形、
破坏、扩展演化过程

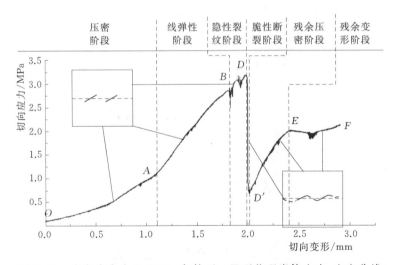

图 2.21　法向应力为 2.5MPa 条件下，Ⅲ型节理岩体应力-应变曲线

（5）残余压密阶段（$D'E$）：节理岩体脆断后形成贯通破坏面，压密
贯通破坏面。

（6）残余变形阶段（EF）：试件达到残余强度，应力基本保持不变。

（5）和（6）阶段可以理解为粗糙结构面形态下的直剪试验。

法向应力为 0.5MPa、1.0MPa、1.5MPa、2.0MPa、2.5MPa 条件下，

试件最终破坏形态如图 2.22 所示。图 2.22 中，A 为剪切面的起始位置（位移荷载加载位置）；B 为节理 1 的起点；C 为节理 1 的终点；D 为节理 2 的起点；E 为节理 2 的终点；F 为剪切面的终点。

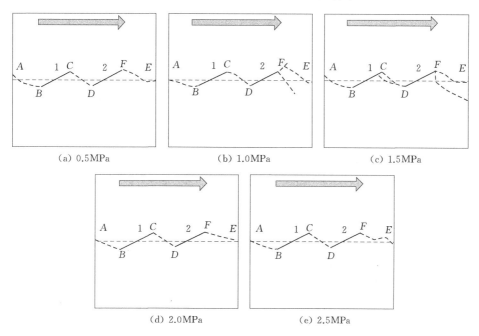

(a) 0.5MPa   (b) 1.0MPa   (c) 1.5MPa

(d) 2.0MPa   (e) 2.5MPa

图 2.22　不同法向应力条件下，Ⅲ型节理岩体最终破坏形态

本次试验环境下，不同法向应力条件下Ⅲ型节理岩体的最终破坏状态表现为明显的节理、岩桥搭接破坏模式且具有明显的脆性断裂特性，破坏面瞬间贯通。

法向应力为 0.5MPa、1.0MPa、1.5MPa、2.0MPa、2.5MPa 条件下，试样直剪试验应力-应变曲线如图 2.23 所示。不同法向应力作用下，应力-应变曲线阶段划分基本一致，均出现明显的应力跌落现象。

2.3.2.4　Ⅳ型节理、岩桥搭接的破坏过程和破坏模式分析

1.0MPa 条件下，Ⅳ型结构面搭接变形、破坏、扩展演化过程如图 2.24 所示。

法向应力为 1.0MPa 条件下，Ⅳ型节理岩体应力-应变曲线如图 2.25 所示，阶段划分与Ⅰ型节理岩体应力-应变曲线一致。

法向应力为 0.5MPa、1.0MPa、1.5MPa、2.0MPa、2.5MPa 条件下，试件最终破坏形态如图 2.26 所示。图 2.26 中，A 为剪切面起始位置（位移荷载加载位置）；B 为节理 1 起点；C' 为 D 点延伸，在节理 1 上的交点；

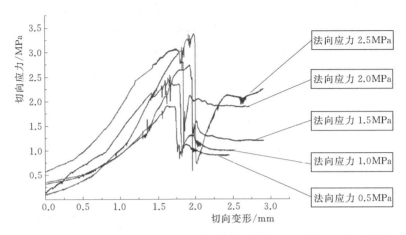

图 2.23　不同法向应力条件下，Ⅲ型节理岩体直剪试验应力-应变曲线

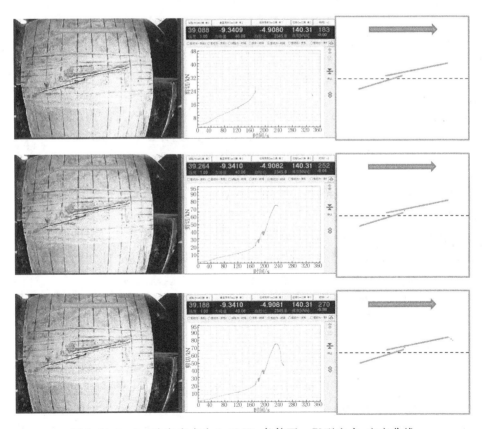

图 2.24（一）　法向应力为 1.0MPa 条件下，Ⅳ型应力-应变曲线

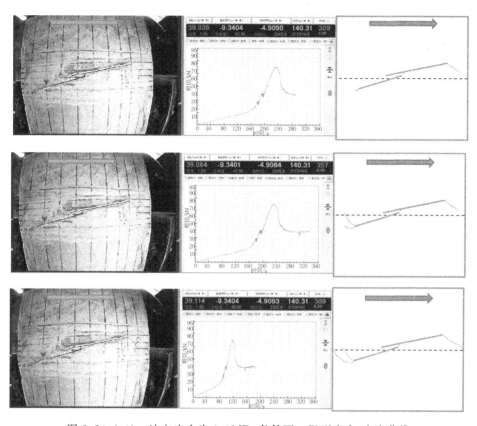

图 2.24（二） 法向应力为 1.0MPa 条件下，Ⅳ型应力-应变曲线

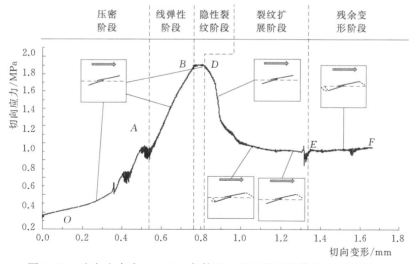

图 2.25 法向应力为 1.0MPa 条件下，Ⅳ型节理岩体应力-应变曲线

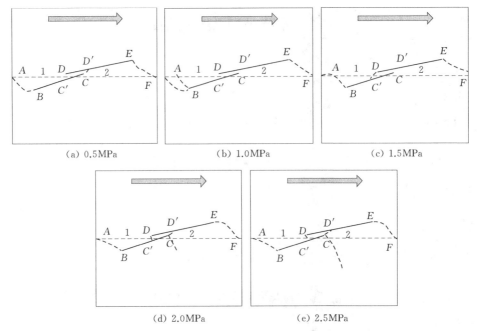

(a) 0.5MPa　　　　(b) 1.0MPa　　　　(c) 1.5MPa

(d) 2.0MPa　　　　(e) 2.5MPa

图 2.26　不同法向应力条件下，Ⅳ型节理岩体最终破坏形态

C 为节理 1 终点；D' 为 C 点延伸在节理 2 上的交点；D 为节理 2 起点；E 为节理 2 终点；F 为剪切面终点。

本次试验环境下，不同法向应力条件下Ⅳ型节理岩体的最终破坏状态表现为明显的节理、岩桥搭接破坏模式，该破坏模式可以分为以下三个阶段：

(1) 节理间搭接破坏：节理岩体达到峰值强度后，出现应力减小现象，两条节理之间（$C'D$、CD'）搭接破坏。

(2) 节理 2 与终点间搭接破坏：随着切向位移、荷载的继续施加，节理 2 上 E 点破坏向剪切面终点扩展，最终 EF 段贯通破坏。

(3) 节理 1 与起点间的搭接破坏：节理 1 上 B 点破坏并向剪切面起点扩展，最终形成贯通破坏区。

高法向应力条件下（2.0MPa、2.5MPa）在 C 点可能出现向试样底部发展的拉裂缝。

法向应力为 0.5MPa、1.0MPa、1.5MPa、2.0MPa、2.5MPa 条件下，试样直剪试验应力-应变曲线如图 2.27 所示。不同法向应力作用下，应力-应变曲线阶段划分基本一致；低法应力条件下（0.5MPa、1.0MPa、1.5MPa）法向应力条件下，试件强度达到峰值强度后应力跌落现象不明显，高法向应力条件下（2.0MPa、2.5MPa）应力跌落现象明显。

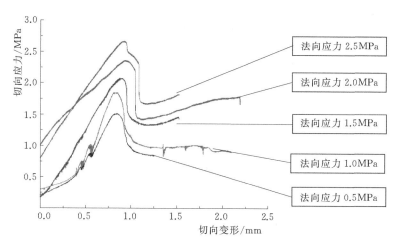

图 2.27 不同法向应力条件下，Ⅳ型岩体直剪试验应力-应变曲线

2.3.2.5 Ⅴ型节理、岩桥搭接破坏模式分析

法向应力为 1.0MPa 条件下，Ⅴ型结构面搭接变形、破坏、扩展演化过程如图 2.28 所示。

法向应力为 1.0MPa 条件下，Ⅴ型节理岩体应力-应变曲线如图 2.29 所示，阶段划分与Ⅰ型节理岩体应力-应变曲线一致。

法向应力为 0.5MPa、1.0MPa、1.5MPa、2.0MPa、2.5MPa 条件下，试件最终破坏形态如图 2.30 所示。图 2.30 中，A 为剪切面的起始位置（位移荷载加载位置）；B 为节理 1 的起点；C 为节理 1 的终点；D 为

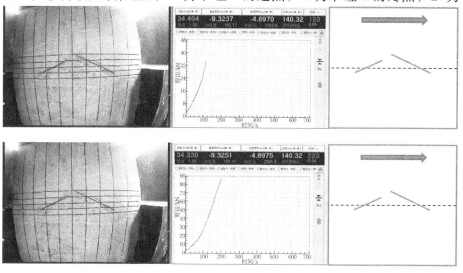

图 2.28（一） 法向应力为 1.0MPa 条件下，Ⅴ形节理岩体变形、破坏、扩展模式

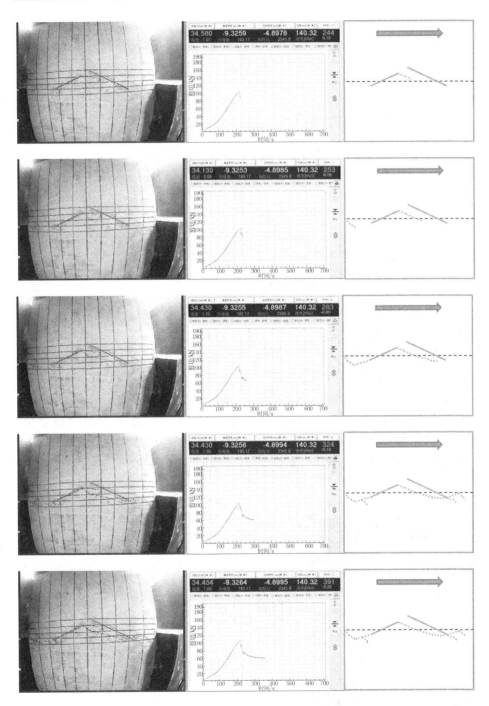

图 2.28（二）　法向应力为 1.0MPa 条件下，V 形节理岩体变形、破坏、扩展模式

2.3 节理、岩桥搭接破坏过程和破坏模式

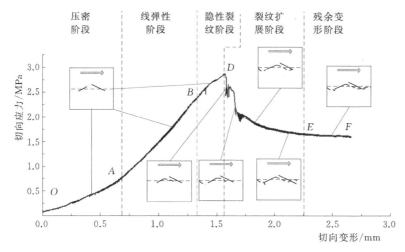

图 2.29 法向应力为 1.0MPa 条件下，V 型节理岩体的应力-应变曲线

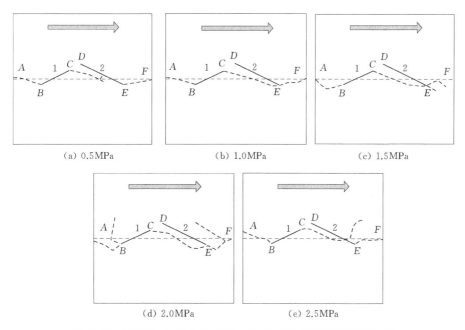

图 2.30 不同法向应力条件下，V 型节理岩体最终破坏形态

节理 2 的起点；E 为节理 2 的终点；F 为剪切面的终点。

　　本次试验环境下，不同法向应力条件下 V 型节理岩体破坏模式可以分为以下两个阶段：

　　（1）节理扩展阶段：V 型节理岩体的强度达到峰值强度后，剪切面起点 A 破坏逐渐向 B 点扩展，同时结构面 1 上 C 点也发生破坏，绕过节理 2

向剪切面终点 F 扩展。

（2）贯通破坏：形成 $ABCF$ 贯通破坏区。

法向应力为 0.5MPa、1.0MPa、1.5MPa、2.0MPa、2.5MPa 条件下，试样直剪试验应力-应变曲线如图 2.31 所示。

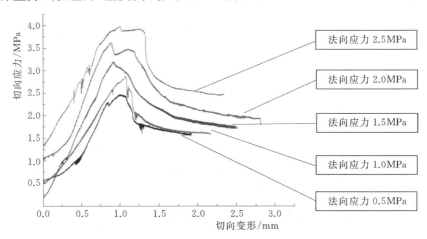

图 2.31　不同法向应力条件下，Ⅴ型岩体直剪试验应力-应变曲线

2.3.3　应力-应变曲线类型划分

根据实测 35 条应力-应变曲线，结合岩体试验的破坏过程和破坏模式的分析结果，将应力-应变曲线划分为 5 类，见表 2.5。

表 2.5　　　　　　　　　　典型应力-应变曲线划分

曲线类型名称	示　意　图	说　　明
滑动型	τ ... O ... ε	在平直结构面的直剪试验中出现，只有弹性、滑动两个阶段
屈服型	τ ... O ... ε	曲线整体平滑，没有明显应力跌落区域

曲线类型名称	示　意　图	说　明
剪断型		曲线前期整体平滑，达到峰值强度时出现明显应力跌落现象，应力跌落和应力逐渐减小直至达到残余强度
脆断型		曲线前期为线弹性，达到峰值强度后出现明显应力跌落现象；后期应力增大直至达到残余强度
剪断复合型		曲线前期整体平滑，达到峰值强度后出现多个明显应力跌落现象，然后应力逐渐减小直至达到残余强度

　　试验得到的 35 条试验曲线对应的类型见表 2.6。通过表 2.6 中数据可知脆断型曲线只出现在特定类型的节理岩体中，岩体的结构面的空间分布起到主要控制作用；随着法向应力的增大，复合剪断型逐渐向剪断型转化、剪断型逐渐向屈服型转化。

表 2.6　　　　　　　　试验应力-应变曲线类型统计表

岩体模型		法向应力/MPa				
		0.5	1.0	1.5	2.0	2.5
对比模型	无结构面岩体	屈服型	屈服型	剪断型	剪断型	剪断型
	结构面	滑动型	滑动型	滑动型	滑动型	滑动型
典型结构面分布模型	Ⅰ型	屈服型	屈服型	屈服型	剪断型	剪断型
	Ⅱ型	屈服型	剪断型	剪断复合型	剪断复合型	剪断复合型
	Ⅲ型	脆断型	脆断型	脆断型	脆断型	脆断型
	Ⅳ型	屈服型	屈服型	屈服型	屈服型	屈服型
	Ⅴ型	屈服型	屈服型	屈服型	屈服型	屈服型

2.4　节理、岩桥搭接破坏强度特性

为了研究各种类型岩体的强度特征，本章进行了 7 种岩体模型 5 级法向荷载条件下的 35 次直剪试验，得到了剪切向变形、剪切应力等信息。

2.4.1　无结构面岩体、贯通结构面强度参数

5 级法向荷载条件下，完整试样直剪试验应力-应变曲线如图 2.10 所示。峰值强度、残余强度统计见表 2.7，强度拟合曲线如图 2.32 所示。通过曲线拟合得到岩体抗剪强度参数，见表 2.8。

表 2.7　　　　　　　　无结构面岩体直剪试验强度特征值统计表

特征强度应力	法向应力水平/MPa				
	0.5	1.0	1.5	2.0	2.5
峰值 τ_p/MPa	3.12	3.6	3.91	4.36	4.82
残余值 τ_r/MPa	1.38	1.51	2.18	2.38	2.65
$\dfrac{\tau_r}{\tau_p}$/%	44	42	56	55	55

表 2.8　　　　　　　　无结构面岩体抗剪强度参数统计表

峰值强度		残余强度		强度比	
内摩擦角 ϕ_p/(°)	黏聚力 c_p/MPa	内摩擦角 ϕ_r/(°)	凝聚力 c_r/MPa	$\dfrac{\phi_p}{\phi_r}\times100\%$	$\dfrac{c_p}{c_r}\times100\%$
39.8	2.71	34.3	0.99	86.25	36.53

5 级法向荷载条件下，结构面特征强度应力统计见表 2.9，强度拟合曲线如图 2.33 所示。通过曲线拟合得到岩体参数见表 2.8。计算得到结构面强度参数为：内摩擦角 30.8°，黏聚力 0.59MPa。

表 2.9　　　　　　贯通结构面直剪试验强度特征值统计表

特征强度应力	法向应力水平/MPa				
	0.5	1.0	1.5	2.0	2.5
峰值 τ_p/MPa	0.88	1.20	1.48	1.78	2.08

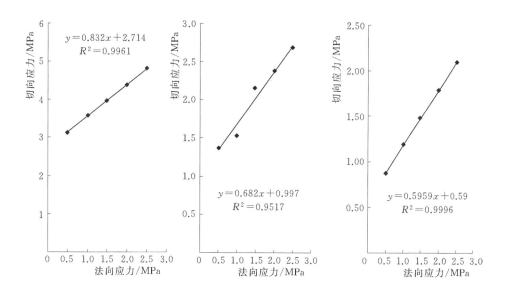

图 2.32 无结构面岩体强度拟合曲线 　　图 2.33 结构面强度拟合曲线

2.4.2 典型结构面分布形式下岩体强度参数

5 级法向荷载条件下，五种典型结构面分布形式的应力-应变曲线分别如图 2.15、图 2.19、图 2.23、图 2.27、图 2.31 所示。峰值强度、残余强度统计见表 2.10，强度拟合曲线如图 2.34 所示。通过曲线拟合得到岩体强度参数见表 2.11。从图和表中信息可以看出：相同分布形式不同应力条件下残余强度与峰值强度的比值基本一致；不同分布形式相同应力条件下残余强度与峰值强度的比值存在较大差异；残余强度和峰值强度的比值主要受结构面分布形式控制。

表 2.10　典型结构面分布型式下，直剪试验强度特征值统计表

特征强度应力		法向应力水平/MPa				
		0.5	1.0	1.5	2.0	2.5
I 型	峰值 τ_p/MPa	1.99	2.41	2.67	3.07	3.35
	残余值 τ_r/MPa	1.30	1.45	1.91	2.06	2.32
	$\dfrac{\tau_r}{\tau_p}$/%	65	60	71	67	69

特征强度应力		法向应力水平/MPa				
		0.5	1.0	1.5	2.0	2.5
Ⅱ型	峰值 τ_p/MPa	1.85	2.37	2.53	2.94	3.25
	残余值 τ_r/MPa	1.21	1.26	1.39	1.58	2.48
	$\dfrac{\tau_r}{\tau_p}$/%	65	53	55	54	76
Ⅲ型	峰值 τ_p/MPa	1.91	2.38	2.75	3.07	3.39
	残余值 τ_r/MPa	0.91	1.01	1.26	1.92	1.89
	$\dfrac{\tau_r}{\tau_p}$/%	48	43	46	63	56
Ⅳ型	峰值 τ_p/MPa	1.52	1.86	2.09	2.37	2.68
	残余值 τ_r/MPa	0.87	0.98	1.40	1.49	1.75
	$\dfrac{\tau_r}{\tau_p}$/%	57	53	67	63	65
Ⅴ型	峰值 τ_p/MPa	2.49	2.90	3.21	3.64	3.99
	残余值 τ_r/MPa	1.60	1.64	1.95	2.24	2.59
	$\dfrac{\tau_r}{\tau_p}$/%	64	57	61	62	65

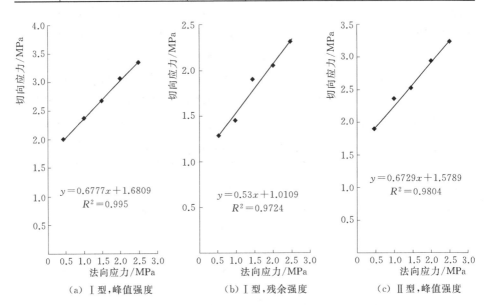

（a）Ⅰ型，峰值强度　　　　（b）Ⅰ型，残余强度　　　　（c）Ⅱ型，峰值强度

图 2.34（一）　典型结构面分布形式强度拟合曲线

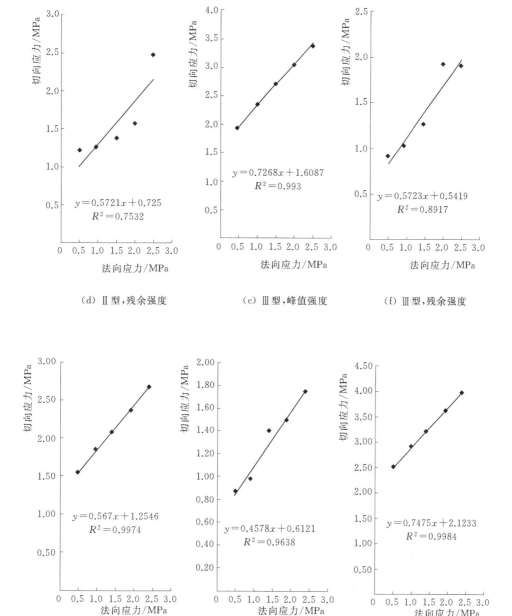

图 2.34（二） 典型结构面分布型式强度拟合曲线

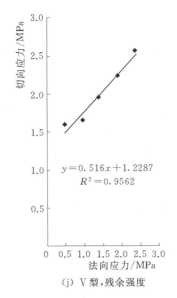

$$y = 0.516x + 1.2287$$
$$R^2 = 0.9562$$

（j）V 型，残余强度

图 2.34（三） 典型结构面分布型式强度拟合曲线

表 2.11 含典型结构面的岩体强度参数统计表

试样类型	峰值强度		残余强度		与无结构面岩体的峰值强度比/%		与无结构面岩体的残余强度比/%	
	内摩擦角 $\varphi_{pi}/(°)$	凝聚力 c_{pi}/MPa	内摩擦角 $\varphi_{pi}/(°)$	凝聚力 c_{pi}/MPa	φ_{pi}/φ_p	c_{pi}/c_p	φ_{ri}/φ_r	c_{ri}/c_r
Ⅰ 型	34.13	1.68	27.92	1.01	81	62	78	102
Ⅱ 型	33.94	1.58	29.68	0.73	81	58	84	74
Ⅲ 型	36.01	1.61	29.78	0.54	87	59	84	55
Ⅳ 型	29.55	1.25	24.60	0.61	68	46	67	62
Ⅴ 型	29.55	1.25	24.60	0.61	68	46	67	62

2.4.3 强度准则的试验验证与分析

节理岩体的抗剪强度指标是工程设计的重要依据，直接关系到工程的经济与安全，一直是国内外学者研究的重点内容。目前，已建立的节理岩体强度准则中应用最广泛的主要为以下两类。

（1）加权平均法强度准则（Jennings 方法）。该方法假设节理岩体的破坏同时遵循莫尔-库仑破坏准则，按连通率对节理和岩桥的抗剪强度参数进行加权平均，通过加权平均后的强度参数计算节理岩体抗剪强度，具体计算公式如下：

$$\tau_j = c_j + \sigma_n \tan\varphi_j \tag{2.1}$$

$$\tau_r = c_r + \sigma_n \tan\varphi_r \tag{2.2}$$

$$\tau = \tau_j k + \tau_r (1-k) \tag{2.3}$$

式中：τ_j、c_j 为结构面强度参数；τ_r、c_r 为岩体强度参数；τ 为节理岩体抗剪强度；k 为节理岩体结构面连通率。

（2）基于 Lajtai 强度理论的强度准则。Lajtai[55] 根据试验研究和理论分析，提出相应于不同大小的正应力，岩桥可能发生的三种破坏形式：拉伸破坏、剪切破坏和压剪破坏，并提出相应计算公式，即

$$\tau = k(c_j + \sigma_n \tan\varphi_j) + (1-k)\sqrt{\sigma_t(\sigma_t + \sigma_n)} \tag{2.4}$$

$$\tau = k(c_j + \sigma_n \tan\varphi_j) + \frac{1-k}{2}\sqrt{\frac{(2c_r + \sigma_n \tan^2\varphi_r)^2}{1 + \sigma_n \tan^2\varphi_r} - \sigma_n} \tag{2.5}$$

$$\tau = \sigma_n \tan\varphi_u \tag{2.6}$$

式中：σ_t 为节理岩体的抗拉强度；φ_u 为挤压破坏时的摩擦角；其他符号意义同前。

Einstein 等[149] 在总结 Lajtai 的研究成果的基础上，提出了根据剪切方向和岩桥倾角确定岩桥破坏类型（图 2.35），进而推导其抗剪强度的计算方法。

当 $\beta < \alpha + \theta$ 时：

$$R_r = \tau_r d = \sqrt{\sigma_t(\sigma_t + \sigma_n)} \, d \tag{2.7}$$

当 $\beta > \alpha + \theta$ 时，在岩桥出发生直接拉伸破坏：

$$R_r = \sigma_t d \tag{2.8}$$

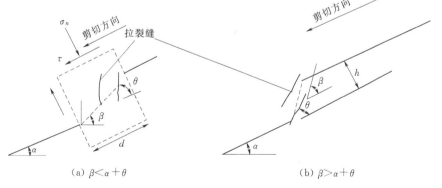

（a）$\beta < \alpha + \theta$ （b）$\beta > \alpha + \theta$

图 2.35 剪切方向与岩桥夹角关系示意图

在 Lajtai 强度理论和 Einstein 等[149] 研究基础上，汪小刚等[147] 给出了

5 种节理岩桥基本形式，并给出了相应计算公式。可以将 5 种基本形式计算公式归纳总结为

$$R = \sum \tau_{ji} l_i + \sum \tau_{ri} h_i \qquad (2.9)$$

式中：τ_{ji}、l_i 分别为第 i 条结构面的抗剪强度和在结构面的水平面上的投影；τ_{ri}、h_i 分别为第 i 个岩桥的抗剪（或抗拉）强度和投影长度，分两种情况考虑：①当 $\beta < \alpha + \theta$ 时，$\tau_{ri} = \sqrt{\sigma_t (\sigma_t - \sigma_n)}$，$h_i$ 为岩桥在水平面上的投影，如图 2.35（a）所示；②当 $\beta > \alpha + \theta$ 时，$\tau_{ri} = \sigma_t$，h_i 为沿结构面垂直方向上的投影，如图 2.35（b）所示。

通过典型结构面分布形式的节理岩体强度验证上述两种强度理论，岩体抗剪强度参数见表 2.8，结构面的岩体强度参数见表 2.11，结构面几何特征参数见图 2.2，验证结果见表 2.12～表 2.16。通过表中数据可知：

（1）5 种典型结构面分布条件下，由于 Jennings 方法没有考虑拉伸破坏，计算得到节理岩体抗剪强度大于实测值；基于 Lajtai 强度理论计算得到的节理岩体抗剪强度略小于实测值，与刘远明[74]的分析结果一致。

（2）Ⅰ～Ⅳ型，Jennings 方法最大误差 33.6%，最小误差 10.4%；基于 Lajtai 强度理论计算得到的节理岩体抗剪强度最大误差 -18.9%，最小误差 -0.5%，其值更接近真实值。

（3）由于 Ⅴ 型节理岩体破坏时，贯通破坏面没有经过节理 2，没有形成典型节理岩桥搭接破坏形式，基于 Lajtai 强度理论计算得到的节理岩体抗剪强度最大误差超过 30%。

表 2.12　　　　　　　　Ⅰ型节理岩体强度理论验证结果

项　目	法向应力水平/MPa				
	0.5	1.0	1.5	2.0	2.5
Ⅰ 型					
试验结果	1.99	2.41	2.67	3.07	3.35
Lajtai	1.94	2.24	2.61	3.11	3.60
误差/%	-2.34	-6.95	-2.23	1.14	7.45
Ⅱ 型					
试验结果	1.85	2.37	2.53	2.94	3.25
Lajtai	1.88	2.18	2.52	3.00	3.49
误差/%	1.68	-8.10	-0.43	2.14	7.29

续表

项 目	法向应力水平/MPa				
	0.5	1.0	1.5	2.0	2.5
Ⅲ型					
试验结果	1.91	2.38	2.75	3.07	3.39
Lajtai	1.96	2.20	2.62	3.15	3.65
误差/%	2.51	−7.56	−4.80	2.48	7.73
Ⅳ型					
试验结果	1.52	1.86	2.09	2.37	2.68
Lajtai	1.41	1.89	2.25	2.53	2.80
误差/%	−7.43	1.61	7.51	6.77	4.61
Ⅴ型					
试验结果	2.49	2.90	3.21	3.64	3.99
Lajtai	2.35	2.70	3.12	3.73	4.32
误差/%	−5.66	−6.90	−2.85	2.36	8.27

表 2.13　　　　　　　Ⅱ型节理岩体强度理论验证结果

项 目	法向应力水平/MPa				
	0.5	1.0	1.5	2.0	2.5
试验结果	1.85	2.37	2.53	2.94	3.25
Jennings	2.30	2.74	3.18	3.61	4.05
误差/%	24.5	15.6	25.6	22.9	24.6
Lajtai	1.88	2.18	2.52	3.00	3.49
误差/%	1.68	−8.10	−0.43	2.14	7.29

表 2.14　　　　　　　Ⅲ型节理岩体强度理论验证结果

项 目	法向应力水平/MPa				
	0.5	1.0	1.5	2.0	2.5
试验结果	1.91	2.38	2.75	3.07	3.39
Jennings	2.46	2.9	3.34	3.78	4.22
误差/%	28.8	21.8	21.5	23.1	24.5

续表

项　目	法向应力水平/MPa				
	0.5	1.0	1.5	2.0	2.5
Lajtai	1.96	2.20	2.62	3.15	3.65
误差/%	2.51	−7.56	−4.80	2.48	7.73

表 2.15　　　　　Ⅵ型节理岩体强度理论验证结果

项　目	法向应力水平/MPa				
	0.5	1.0	1.5	2.0	2.5
试验结果	1.52	1.86	2.09	2.37	2.68
Jennings	1.97	2.37	2.77	3.17	3.57
误差/%	29.4	27.2	32.4	33.6	33.1
Lajtai	1.41	1.89	2.25	2.53	2.80
误差/%	−7.43	1.61	7.51	6.77	4.61

表 2.16　　　　　Ⅴ型节理岩体强度理论验证结果

项　目	法向应力水平/MPa				
	0.5	1.0	1.5	2.0	2.5
试验结果	2.49	2.90	3.21	3.64	3.99
Jennings	2.38	2.82	3.26	3.71	4.15
误差/%	−11.30	−8.00	5.30	6.70	16.00
Lajtai	2.35	2.70	3.12	3.73	4.32
误差/%	−5.66	−6.90	−2.85	2.36	8.27

2.5　本章小结

通过制作典型节理岩体制模装置、优化试验检测系统、设计整体试验方案，对节理岩体中节理、岩桥搭接变形、破坏、扩展演化过程开展室内直剪试验研究，获得了一系列试验数据。在此基础上，分析了 7 种岩石模型在剪切荷载作用下的破坏演化过程和破坏模式，并通过试验结果对 Jennings 加权平均法强度准则和基于 Lajtai 岩桥破坏理论的强度准进行验证。本章主要结论归纳如下：

2.5 本 章 小 结

（1）通过录像同步记录了7种岩石模型在剪切荷载下的破坏过程和应力-应变曲线，为节理、岩桥搭接破坏演化全过程的分析提供了基础数据，为节理、岩桥搭接破坏演化全过程数值仿真试验提供了验证依据。

（2）分析录像信息，获得了典型节理分布形式的岩体的变形、破坏、扩展演化的全过程，所有节理岩体模型破坏均表现为明显的节理、岩桥搭接破坏模式，节理的空间分布形式对破坏模式和破坏起控制作用。

（3）根据岩体模型破坏过程和应力-应变曲线分析，典型岩体模型破坏过程可划分为六个阶段：压密阶段、线弹性变形阶段、隐形裂纹阶段、微小裂纹阶段、裂纹扩展阶段、残余变形阶段。

（4）对比35条应力应变曲线，将应力-应变曲线归纳为五种类型，并给出每种类型应力-应变曲线的特征和判断依据：滑动型、屈服型、剪断型、脆断型、剪断复合型。试验结果表明岩体的结构面形式和法向应力决定应力-应变曲线类型，随着法向应力的增大，复合剪断型逐渐向剪断型转化、剪断型逐渐向屈服型转化。

（5）对Jennings加权平均法强度准则和基于Lajtai岩桥破坏理论的强度准进行试验验证，验证结果表明Jennings方法计算得到的抗剪强度参数比节理岩体的抗剪强度偏高（10.4%～33.6%）；基于Lajtai岩桥破坏理论的强度准计算得到抗剪强度偏低与试验结果相对误差较小，小于9%，可用于节理岩体综合抗剪强度计算。

（6）节理岩体破坏贯通面形态决定节理岩体抗剪特性，当没有形成典型节理、岩桥搭接破坏形态时，基于Lajtai岩桥破坏理论的强度准则计算得到结果误差偏大。

第3章 数值流形法基本原理
及程序改进

3.1 引言

对总体分析来说，著名的数学流形或许是现代数学的最重要的课题之一，以数学流形为基础，新发展的数值流形法（NMM）是一种普遍意义的数值计算方法[103]。它结合了非连续变形分析方法（DDA）和有限元法（FEM）的优点，通过两套网格（物理网格和数学网格）实现了非连续

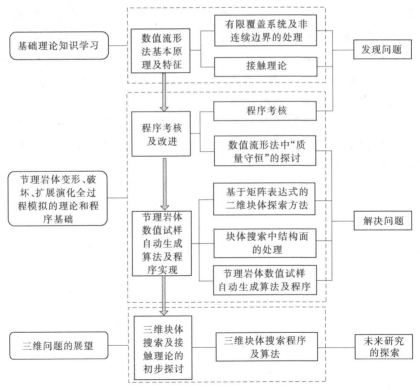

图 3.1　本章研究内容及技术路线图

块体的接触计算和块体内部应力应变分析的统一处理，非常适合节理岩体这种断续介质的模拟分析。

本章拟在室内模型试验结果的基础上，通过数值流形法实现对节理岩体变形、破坏、扩展演化过程模拟和节理岩体工程力学特性研究进行介绍，同时对三维块体搜索算法进行了初步探讨。具体研究内容和技术路线如图 3.1 所示。

3.2　数值流形法基本原理和特点

数值流形法是以数学流形为基础发展的一种有普遍意义的数值计算方法。它通过有限覆盖技术来模拟材料的位移场，能够精确模拟连续的位移场，而且能够方便地模拟非连续的位移场。另外数值流形法还引入了非连续变形分析中的接触理论，能够模拟物体之间的接触和分离，非常适合节理岩体破坏过程的模拟。本节主要介绍与断续介质模拟相关的有限覆盖系统、非连续边界处理和接触理论。

3.2.1　有限覆盖系统

有限覆盖系统是数值流形法区别于其他数值方法最显著的特点之一。有限覆盖是数学上的概念，在一维空间中的定义：设 H 为闭区间 $[a，b]$ 的一个开覆盖，则从 H 中可选出有限个开区间来覆盖 $[a，b]$。

开覆盖的定义：设 S 为数轴上的点集，H 为开区间的集合（即 H 中每一个元素都是形如 $(a，b)$ 的开区间）。若 S 中的任何一点都含在至少一个开区间内，则称 H 为 S 的一个开覆盖，或简称 H 覆盖 S；若 H 中的开区间的个数是有限的，那么就称 H 为 S 的一个有限覆盖。

数学定理总是很拗口也不容易理解，以我们经常会遇到的一个情况作一个简单的比喻：某次会议，午餐是吃盒饭，为了保证会议桌不被弄脏，我们通常会在会议桌子上垫报纸。有的人垫一张报纸、有的人垫两张报纸、有的人垫一叠报纸，无论垫多少张报纸，目的是保证放在报纸上的餐盒不接触到会议桌。在这个例子中，垫在底下的报纸就是餐盒的有限覆盖体系，其中的每一张报纸都是这个覆盖系统中的一个覆盖。从上面的描述中，我们可以看到：有限覆盖系统的两个基本要求：①报纸张数是数得过来的，即有限性；②餐盒接触不到会议桌，餐盒的整体位置在报纸围成区域的内部，即包含性。

从上面描述中不难看出，对于一个确定的东西可以有无限种有限覆盖系统。数值计算中的有限覆盖系统可以通过以下几个定义进行描述：

（1）几何边界。进行数值分析的实体，通常采用边界定义实体，如图3.2（a）所示。

（2）数学有限覆盖系统。满足有限覆盖系统两个基本要求的一组数学覆盖，如图3.2（b）所示。

（3）数学单元。为了使得数学覆盖系统内区域关系明确，数学覆盖相互求交得到数学单元，也可称为数学网格，如图3.2（c）所示。数学单元内每一个点对应的数学覆盖数量是唯一确定的。

（4）物理单元。数学单元与实体进行求交运算后，实体内部所有的块体就是物理单元。一个物理单元只对应一个数学单元，一个数学单元中可包含多个物理单元，如图3.2（d）中数学单元 M_7 包含 P_7、P_8 两个物理单元。

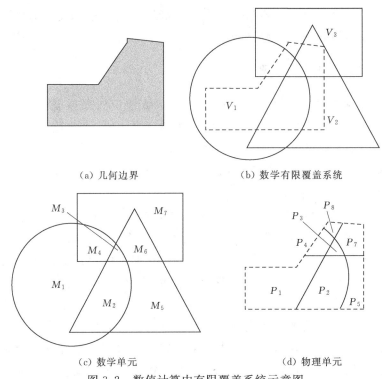

（a）几何边界　　　　　　　（b）数学有限覆盖系统

（c）数学单元　　　　　　　（d）物理单元

图 3.2　数值计算中有限覆盖系统示意图

在数值计算分析中，为了模拟位移场，首先在每个数学覆盖区域 V_i 内定义一个位移函数 $u_i(x，y)$。数学覆盖相交的区域形成数学单元，如

图 3.2（c）所示。数学单元上的位移场，通过所有涵盖此数学单元的数学覆盖共同定义。如数学单元属于 m 个数学覆盖的公共区域，引入权函数 $w_i(x, y)$ 后，数学单元上的位移函数 $v_i(x, y)$ 可以通过式（3.1）得到。

$$v_j(x, y) = \sum_{i=0}^{m} w_i(x, y) u_i(x, y), (x, y) \in P_j \qquad (3.1)$$

式（3.1）中权函数 $w_i(x, y)$ 必须满足式（3.2）中的两个条件，P_j 表示数学单元。

$$\begin{cases} 0 \leqslant w_i(x, y) \leqslant 1, & (x, y) \in V_i \\ \sum_{i=0}^{m} w_i(x, y) = 1, & (x, y) \in P_j \end{cases} \qquad (3.2)$$

通过这样的方法，所有数学覆盖边界内的整体位移函数可以通过有限个数学单元上的局部位移函数 $v_j(x, y)$ 来描述。合理权函数的确定是数值流形法的关键。如果保证一个数学覆盖边界上的权函数为 0，那么就能实现数学覆盖内外的位移连续过渡，保证整个区域的位移场的连续。

通常情况下，权函数是根据数学覆盖的形状确定的。选择适当的数学覆盖是能够得到合理的权函数的关键。目前，数值流形法中最常用的是通过三角形网格建立起来的六边形数学有限覆盖系统，如图 3.3 所示。图 3.3 中虚拟三角形数学单元中的节点为数学覆盖中心，称之为拓扑星。每个三角形数学单元由 3 个数学覆盖重叠而成。权函数和三角形有限元法网格中的形函数相同。因此，这里的拓扑星，也可以称为虚拟节点。它和有限元法中的节点不同的地方在于，拓扑星是虚拟的，是独立于物理实体的存在。

物理实体为数学单元切割之后，形成许多小的物理单元，即流形单元，如图 3.2（d）所示。每一个流形单元对应一个数学单元，继承所在数学单元中的位移函数。因此只要数学单元的覆盖范围超出整个物理实体的区域，所有物理实体上的位移场都能通过数学单元的位移场唯一确定。流形单元的作用是定义了物理实体的

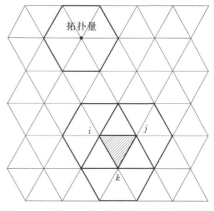

图 3.3 基于三角形网格的六边形数学有限覆盖系统示意图

范围。当计算数学单元的质量、刚度矩阵等参数时，只在流形单元范围内进行积分。因此流形单元定义了数学单元的积分区域。

数值流形法的优势：一方面在于数学单元的使用。由于数学单元是虚拟的，它的边界是自由的，因此流形法将数值模拟从烦琐的，受制于物理边界的网格剖分工作中解放出来。另一方面在于数学覆盖上的位移场定义：在有限元法节点上，只可以定义刚性的节点位移。而在数学覆盖上，即拓扑星（虚拟节点）上，我们可以自由方便地使用任意阶的位移函数。例如，当在拓扑星上使用一阶的位移函数时，整个数学覆盖的位移场不仅定义了刚性的位移，还定义了应变。这两点使得，数值流形法变得非常灵活，能够方便的适应复杂的物理边界，精确地模拟复杂的位移场。

3.2.2　非连续边界的处理方法

多重数学覆盖的引入，使数值流形法能够方便的模拟半连续、非连续介质上的位移场。

当非连续边界为物理边界时，若一条不连续的物理边界贯穿一个数学覆盖，则这个数学覆盖将被物理边界分为两个部分，如图 3.4 所示。由于物理边界的不连续性使这两个部分的位移场是不同的、独立的。因此需要增加一个虚拟的数学覆盖，并在上面另外定义一个位移函数。在分割为两个部分的物理实体上，各自定义一个虚拟的数学覆盖，使用各自独立的位移函数。计算时，A_1 区域内的局部位移函数与 V_1 所对应的数学覆盖联系，A_2 区域内的局部位移函数与 V_2 对应的数学覆盖联系。因此，A_1、A_2 区域上的位移不连续获得了模拟。由于这里定义的两个数学覆盖具有相同的覆盖范围、拓扑星位置，因此，它们构成数学单元时将使用相同的权函数。由于使用了两个独立的虚拟数学覆盖，在这个区域将产生两个独立的数学单元。对于半连续的情况（即不连续的物理边界并未贯穿一个数学覆盖时），一般不增加数学覆盖，以保证连续区域内的位移场连续。

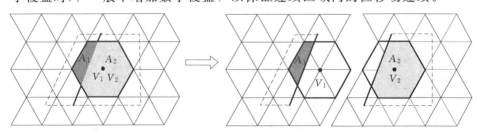

图 3.4　内部非连续边界示意图

如图 3.5（a）所示，由于物理边界的不连续，定义了 8 对覆盖区域重叠、位移函数不同的数学覆盖，包括 1 和 2、3 和 4、5 和 6、7 和 8、9 和10、11 和 12、21 和 22、28 和 29。这些数学覆盖组成了 32 个数学单元，并对应着 32 个流形单元，如图 3.5（b）所示。

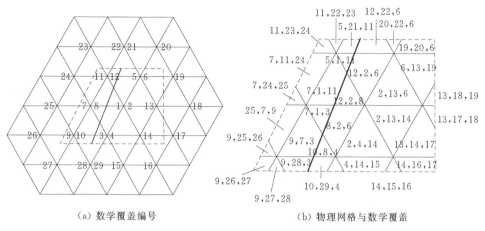

（a）数学覆盖编号   （b）物理网格与数学覆盖

图 3.5　非连续边界编码系统（所有的物理边界都用实线表示）

3.2.3　接触理论和单纯形积分

对于不连续面的接触问题，数值流形法沿用了非连续变形分析法（DDA）的处理方法，不连续边界必须满足在两个接触面间无拉力、无嵌入。计算过程中通过接触判断准则对每一时步进行接触判断，通过刚性弹簧的增减保证接触面无拉力、无嵌入条件，并能够得到接触面的相对位移情况（具体接触判断准则及相关公式见文献［103］），并且通过单纯形积分能够保证积分精度。

3.3　数值流形法中"质量守恒"的探讨

由于数值流形法是一种较新的未经充分研究的数值计算方法，因此，程序考核显得尤为重要。为了便于对比分析，将数值流形法中物理单元与数学单元完全重合，去掉接触理论，建立与有限元法具有相同计算条件的数值流形法计算模型。通过对比两种方法计算过程中单元刚度矩阵变化规律、位移变化情况，验证数值流形法的计算精度。

经过对比验证发现：现有数值流形法在计算过程中改变惯性矩阵、重力场矩阵时，忽略了"质量守恒"。流形元采用单纯形积分方法，在整个物理单元上进行质量和重力精确积分，进而在分步计算中改变惯性、重力场矩阵。现有流形元方法，未考虑单元密度随着单元体积的改变，因此，单元的质量和重力会随着单元的体积改变而发生改变。计算过程中随着材料的压缩或膨胀，物体质量减小或增大。这违背了"质量守恒"，在计算大变形问题时，会导致误差过大。

为解决上述问题，在数值流形法计算过程中，为实现计算过程中的"质量守恒"，使数值流形法理论基础更为严密，应对所有物理单元密度进行修正。本节主要介绍程序的考核结果及对数值流形法中"质量守恒"问题探讨的相关内容。

3.3.1　单元刚度矩阵[103]

本节对数值流形法中单元刚度矩阵变化规律进行了研究，因此，对流形元中的三角形单元刚度矩阵做简要介绍。

流形元刚度矩阵的积分域是物理单元，它可以充满整个数学单元，也可以只是数学单元的一部分。当流形元的数学单元的广义节点和有限元法的单元节点重合时，流形元的数学单元和物理单元重合，且与有限元法中的有限单元重合。此时，数值流形法中的积分域和计算域一致，则数值流形法与有限单元法就具有相同的理论框架。

考虑广义胡克定律下的弹性平面应力问题，数值流形法与有限元法一样，应力-应变关系由式（3.3）给出。

$$\left\{\begin{array}{c}\sigma_x \\ \sigma_y \\ \sigma_z\end{array}\right\}=\frac{E}{1-\mu^2}\left\{\begin{array}{ccc}1 & \mu & 0 \\ \mu & 1 & 0 \\ 0 & 0 & \dfrac{1-\mu}{2}\end{array}\right\}\left\{\begin{array}{c}\varepsilon_x \\ \varepsilon_y \\ \gamma_{xy}\end{array}\right\}=[E]\left\{\begin{array}{c}\varepsilon_x \\ \varepsilon_y \\ \gamma_{xy}\end{array}\right\} \tag{3.3}$$

式中：$[E]=\dfrac{E}{1-\mu^2}\left\{\begin{array}{ccc}1 & \mu & 0 \\ \mu & 1 & 0 \\ 0 & 0 & \dfrac{1-\mu}{2}\end{array}\right\}$；$E$、$\mu$ 分别为弹性模量和泊松比。

节点位移函数表示为

$$\left\{\begin{array}{c}u(x,y) \\ v(x,y)\end{array}\right\}=\sum_{r=1}^{3}[T_{e(r)}]\{D_{e(r)}\}=(T_{e(1)} \quad T_{e(2)} \quad T_{e(3)})\left\{\begin{array}{c}D_{e(1)} \\ D_{e(2)} \\ D_{e(3)}\end{array}\right\} \tag{3.4}$$

并有

$$\begin{Bmatrix} \varepsilon_x \\ \varepsilon_y \\ \gamma_{xy} \end{Bmatrix} = \begin{Bmatrix} \dfrac{\partial u(x,y)}{\partial x} \\[2mm] \dfrac{\partial v(x,y)}{\partial y} \\[2mm] \dfrac{\partial u(x,y)}{\partial x} + \dfrac{\partial v(x,y)}{\partial y} \end{Bmatrix} \qquad (3.5)$$

其中

$$\left[T_{e(i)}(x,y) \right] = \begin{bmatrix} w_{e(i)}(x,y) & 0 \\ 0 & w_{e(i)}(x,y) \end{bmatrix} \qquad (3.6)$$

$$\{ D_{e(i)} \} = \begin{Bmatrix} u_{e(i)} \\ v_{e(i)} \end{Bmatrix} \qquad (3.7)$$

及

$$\begin{Bmatrix} w_{e(1)}(x,y) \\ w_{e(2)}(x,y) \\ w_{e(3)}(x,y) \end{Bmatrix} = \begin{Bmatrix} f_{11} + f_{12}x + f_{13}y \\ f_{21} + f_{22}x + f_{23}y \\ f_{31} + f_{32}x + f_{33}y \end{Bmatrix} \qquad (3.8)$$

$$\{ D_{e(i)} \} = \begin{Bmatrix} u_{e(i)} \\ v_{e(i)} \end{Bmatrix} \qquad (3.9)$$

$$\begin{Bmatrix} \varepsilon_x \\ \varepsilon_y \\ \gamma_{xy} \end{Bmatrix} = \begin{Bmatrix} f_{12} & 0 & f_{22} & 0 & f_{32} & 0 \\ 0 & f_{13} & 0 & f_{23} & 0 & f_{33} \\ f_{13} & f_{12} & f_{23} & f_{22} & f_{33} & f_{32} \end{Bmatrix} \begin{Bmatrix} u_{e(1)} \\ v_{e(1)} \\ u_{e(2)} \\ v_{e(2)} \\ u_{e(3)} \\ v_{e(3)} \end{Bmatrix} \qquad (3.10)$$

令

$$\left[B_{e(i)} \right] = \begin{bmatrix} f_{i1} & 0 \\ 0 & f_{i3} \\ f_{i3} & f_{i2} \end{bmatrix} \quad , i = 1, 2, 3 \qquad (3.11)$$

则

$$\begin{Bmatrix} \varepsilon_x \\ \varepsilon_y \\ \gamma_{xy} \end{Bmatrix} = \begin{bmatrix} B_{e(1)} & B_{e(2)} & B_{e(3)} \end{bmatrix} \begin{Bmatrix} D_{e(1)} \\ D_{e(2)} \\ D_{e(3)} \end{Bmatrix} \qquad (3.12)$$

由单元 e 的弹性应力所产生的应变能为 Π_e，按下式计算：

$$\Pi_e = \iint_A \frac{1}{2}(\varepsilon_x \quad \varepsilon_y \quad \gamma_{xy}) \begin{Bmatrix} \sigma_x \\ \sigma_y \\ \tau_{xy} \end{Bmatrix} \mathrm{d}x\,\mathrm{d}y$$

$$= \frac{1}{2}\iint_A \{D_e\}^{\mathrm{T}}[B_e]^{\mathrm{T}}[E][B_e]\{D_e\}\mathrm{d}x\,\mathrm{d}y$$

$$= \frac{1}{2}\{D_e\}^{\mathrm{T}}\left[\iint_A [B_e]^{\mathrm{T}}[E][B_e]\mathrm{d}x\,\mathrm{d}y\right]\{D_e\}$$

$$= \frac{1}{2}\{D_e\}^{\mathrm{T}}(S^e[B_e]^{\mathrm{T}}[E][B_e])\{D_e\} \tag{3.13}$$

式中：S^e 为单位的面积，则单元刚度矩阵为 $S^e[B_e]^{\mathrm{T}}[E][B_e]$。

3.3.2　算例分析

为了对比相同计算条件下数值流形法与有限元法的计算精度，将数值流形法中物理单元与数学单元完全重合，去掉接触理论，建立与有限元法具有相同计算条件的数值流形法计算模型，对数值流形法计算结果与有限元法程序 Abaqus 计算结果及理论解进行对比分析。

算例采用平板重力压缩试验（平面应变问题），模型示意图如图 3.6（a）所示。计算边界及材料参数见表 3.1，重力加速度取 $10\mathrm{m/s}^2$。流形元程序及 Abaqus 程序计算模型如图 3.6（b）和（c）所示。由此可见流形元程序数学单元与物理单元完全重合，数学单元网格与有限元法程序计算模型网格划分相同，计算模型由 55 个节点和 80 个单元组成。

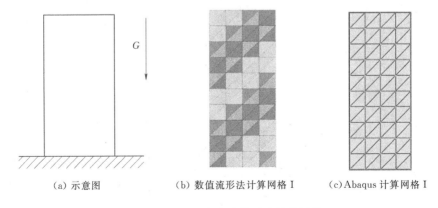

（a）示意图　　　　（b）数值流形法计算网格 I　　　（c）Abaqus 计算网格 I

图 3.6　平板压缩试验模型及计算网格

表 3.1　　　　　　　　算例计算边界及材料参数表

密度/(kg/m³)	计算边界		变形参数	
	高/mm	宽/mm	弹性模量 E/MPa	泊松比 μ
3000	10	4	300	0

3.3.3　计算结果分析

3.3.3.1　数值流形法单元刚度矩阵分析

由单元刚度矩阵计算公式可知，三角形单元刚度矩阵为 6×6 对称矩阵，因此，结果中只统计刚度矩阵的下三角形矩阵。计算结果见表 3.2 和表 3.3。在计算过程中，数值流形法单元刚度矩阵根据变化后的数学单元广义节点坐标计算单元刚度矩阵（单元刚度矩阵不断更新）。

表 3.2　　　　　　　　$\mu=0$、计算步 1、增量步 1

单　元　1											
流形元计算结果（计算步 1）						有限元法计算结果（增量步 1）					
150						150					
0	75					0	75				
−150	75	225				−150	75	225			
0	−75	−75	225			0	−75	−75	225		
0	−75	−75	75	75		0	−75	−75	75	75	
0	0	0	−150	0	150	0	0	0	−150	0	150
单　元　2											
流形元计算结果（计算步 1）						有限元法计算结果（增量步 1）					
150000						150000					
0	75000					0	75000				
−150000	75000	225000				−150000	75000	225000			
0	−75000	−75000	225000			0	−75000	−75000	225000		
0	−75000	−75000	75000	75000		0	−75000	−75000	75000	75000	
0	0	0	−150000	0	150000	0	0	0	−150000	0	150000

单元 80

流形元计算结果（计算步1）						有限元法计算结果（增量步1）					
150000						150000					
0	75000					0	75000				
−150000	75000	225000				−150000	75000	225000			
0	−75000	−75000	225000			0	−75000	−75000	225000		
0	−75000	−75000	75000	75000		0	−75000	−75000	75000	75000	
0	0	0	−150000	0	150000	0	0	0	−150000	0	150000

表3.3　　　　　　　μ＝0、计算步2、增量步2

单元 1

流形元计算结果（计算步2）						有限元法计算结果（增量步2）					
149860						150000					
0	74930					0	75000				
−149861	75000	224930				−150000	75000	225000			
0	−74930	−75000	225070			0	−75000	−75000	225000		
0	−75000	−75069	75000	75069		0	−75000	−75000	75000	75000	
0	0	0	−150140	0	150140	0	0	0	−150000	0	150000

单元 2

流形元计算结果（计算步2）						有限元法计算结果（增量步2）					
149861						150000					
0	74931					0	75000				
−149861	75000	224930				−150000	75000	225000			
0	−74930	−74999	225069			0	−75000	−75000	225000		
0	−75000	−75069	75000	75070		0	−75000	−75000	75000	75000	
0	0	0	−150139	0	150139	0	0	0	−150000	0	150000

单 元 80

流形元计算结果（计算步2）						有限元法计算结果（增量步2）					
149861						150000					
0	74931					0	75000				
−149861	75000	224930				−150000	75000	225000			
0	−74930	−74999	225069			0	−75000	−75000	225000		
0	−75000	−75069	75000	75070		0	−75000	−75000	75000	75000	
0	0	0	−150139	0	150139	0	0	0	−150000	0	150000

3.3.3.2 监测点位移计算分析

为了解不同条件下数值流形法计算结果、有限元法计算结果和理论解间的对比情况，布置了 3 个监测点，具体位置如图 3.7 所示，图 3.7 中（a，b）表示监测点坐标。

在 $\mu=0$、板自重工况下，理论解、数值流形法计算结果、有限元法计算结果见表 3.4。

在自重条件下，竖向位移（y 方向）有限元法计算结果与理论解一致，数值流形法计算结果与理论解有 $0.00\%\sim0.06\%$ 的误差，误差非常微小，可以认为，该工况下数值流形法计算程序能够得到精确解；水平向位移误差较大（这是由于在数值计算中受到浮点数的影响，在"0"附近会产生较大误差），有限元法和数值流形法计算结果基本一致，

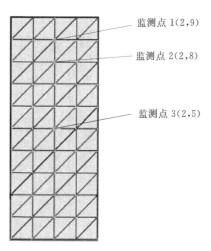

图 3.7 监测点示意图（单位：mm）

两者间的差值不超过 0.01m。以上计算结果表明，小变形情况下数值流形法、有限元法均能得到与理论解一致的计算结果。

表 3.4 监测点计算结果比对

监测点	坐标/mm	位移/μm		
		理论解	数值流形法	有限元法
1	x	0	0.210	0
	y	4.95	4.947	4.95
2	x	0	0.166	0
	y	4.80	4.798	4.80
3	x	0	0.065	0
	y	3.75	3.749	3.75

不同弹性模量条件下，理论解、数值流形法、有限元法的计算结果见表 3.5。在弹性模量为 3MPa、30MPa、300MPa、3000MPa、30000MPa条件下，数值流形法计算结果与有限元法计算结果的差值随着弹性模量的增大而减小。监测点 1 的 y 方向位移（为了便于对比，将位移分别乘以10、102、103、104、105）随弹性模量变化的示意图如图 3.8 所示。

表 3.5 不同弹性模量条件下监测点计算结果比对

监测点	方向	计算方法	不同 E 下位移/mm				
			3MPa	30MPa	300MPa	3000MPa	30000MPa
1	x	理论解	0	0	0	0	0
		有限元法	0.209	0.209	0.209	0.209	0.209
		数值流形法	0.568	0.205	0.210	0.209	0.209
	y	理论解	4.950	4.950	4.950	4.950	4.950
		有限元法	4.950	4.950	4.950	4.950	4.950
		数值流形法	4.713	4.933	4.947	4.950	4.950
2	x	理论解	0	0	0	0	0
		有限元法	0.165	0.165	0.165	0.165	0.165
		数值流形法	0.347	0.161	0.166	0.016	0.164
	y	理论解	4.800	4.800	4.800	4.800	4.800
		有限元法	4.800	4.800	4.800	4.800	4.800
		数值流形法	4.567	4.783	4.798	4.800	4.800

续表

监测点	方向	计算方法	不同 E 下位移/mm				
			3MPa	30MPa	300MPa	3000MPa	30000MPa
3	x	理论解	0	0	0	0	0
		有限元法	0.006	0.006	0.006	0.006	0.006
		数值流形法	0.006	0.006	0.006	0.006	0.006
	y	理论解	3.750	3.750	3.750	3.750	3.750
		有限元法	3.750	3.750	3.750	3.750	3.750
		数值流形法	3.556	3.735	3.749	3.750	3.750

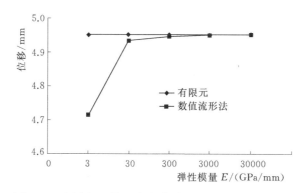

图 3.8 监测点 1 的 y 方向位移随弹性模量变化曲线

由表 3.5 和图 3.8 可以看出，在弹性模量较大时，数值流形法计算结果与理论解一致；随着弹性模量的减小，数值流形法计算结果逐渐偏离理论解。

结合刚度矩阵结果发现，现有数值流形法在计算过程中忽略了"质量守恒"，导致计算过程中质量增大或减小。计算过程中"质量守恒"问题将在 3.3.4 中重点讨论。

3.3.4 数值流形法中"质量守恒"的探讨

数值流形法通过动态方程求解静态问题，计算中使用时步积分方案，分步计算，最终系统达到稳定状态。在分步计算过程中，刚度矩阵不断发生变化，当产生大变形时，计算结果与理论值相差较大，见表 3.6。误差来源是求解静态方程过程中由于板压缩，通过板重度在单元面积上积分得到的板重力减小所致。

表 3.6 修正单元密度后监测点计算结果比对

监测点	方向	计算方法	不同 E 下位移/mm				
			3MPa	30MPa	300MPa	3000MPa	30000MPa
1	x	理论值	0	0	0	0	0
		有限元法	0.209	0.209	0.209	0.209	0.209
		数值流形法	0.209	0.209	0.209	0.209	0.209
	y	理论值	4.950	4.950	4.950	4.950	4.950
		有限元法	4.950	4.950	4.950	4.950	4.950
		数值流形法	4.950	4.950	4.947	4.950	4.950
2	x	理论值	0	0	0	0	0
		有限元法	0.165	0.165	0.165	0.165	0.165
		数值流形法	0.166	0.166	0.166	0.166	0.166
	y	理论值	4.800	4.800	4.800	4.800	4.800
		有限元法	4.800	4.800	4.800	4.800	4.800
		数值流形法	4.800	4.800	4.800	4.800	4.800
3	x	理论值	0	0	0	0	0
		有限元法	0.006	0.006	0.006	0.006	0.006
		数值流形法	0.006	0.006	0.006	0.006	0.006
	y	理论值	3.750	3.750	3.750	3.750	3.750
		有限元法	3.750	3.750	3.750	3.750	3.750
		数值流形法	3.750	3.750	3.750	3.750	3.750

数值流形法中，对于二维问题，单元质量 G 可通过式（3.14）计算得到。

$$G = \rho \overline{A} g \qquad (3.14)$$

式中：ρ 为单元密度，为常量；$\overline{A}$ 为单元当前计算步下面积，随节点位移变化而变化；g 为重力加速度，也为常量。

因此，通过式（3.14）计算得到的单元质量 G 为变量，这与事实是相违背的，没有遵守"质量守恒"定律。

在新的计算模拟中，每一时步都对单元密度按照式（3.15）进行重新求解，使计算过程中遵循"质量守恒"。

$$\bar{\rho}=\frac{M}{A}=\frac{\rho A}{A} \tag{3.15}$$

将式（3.15）代入式（3.14）中，得

$$G=\rho Ag=(C\ 常量) \tag{3.16}$$

在每一时步中修正单元密度后，计算得到的结果见表 3.7。其结果表明，考虑"质量守恒"后，流形元计算得到结果的精度大幅提高，y 方向位移列出前 4 位均与理论解相同，说明数值流形法（改进后）计算结果与理论解误差小于 0.1%。

需要指出的是：①对于动力问题，惯性矩阵起着非常重要的作用。在流形元的计算中，也必须采用修正的密度，或者使用固定的质量。②对于和单元密度无关的体积力，如浮力，现有流形元的计算方法是精确的，即在整个单元体积上进行精确积分求解体积力。

数学单元、物理单元两套网格的使用是数值流形法的突出优点之一，它极大地简化了大变形或裂纹扩展条件下模型变化过程中网格重构问题。本算例为了方便对比分析将数学单元与物理单元完全重合，削弱了数学单元、物理单元两套网格使用的优势。因此，重新建立计算模型，使数学单元不受物理网格的影响，计算网格如图3.9 所示，关键点方向位移见表 3.7。

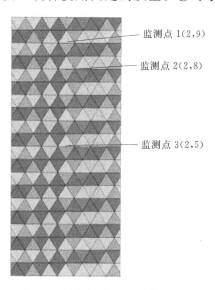

监测点 1(2,9)

监测点 2(2,8)

监测点 3(2,5)

图 3.9　计算网格 Ⅱ（单位：mm）

表 3.7　　物理单元与数学单元是否一致的情况下监测点计算结果比对

监测点	方向	计算方法	不同 E 下位移/mm				
			3MPa	30MPa	300MPa	3000MPa	30000MPa
2	y	计算网格 Ⅰ	4.800	4.800	4.800	4.800	4.800
		计算网格 Ⅱ	4.800	4.800	4.800	4.800	4.800

从表 3.7 可看出，数学单元与物理单元是否一致对计算结果没有影响。

为进一步验证对"质量守恒"考虑的必要性和可靠性，对多层土基自重压密过程进行模拟，计算参数及边界条件如图 3.10（a）所示，计算结

果如图 3.10 (b) 所示。计算结果表明，本算例中考虑"质量守恒"后的数值流形法计算结果与 Abaqus 程序计算结果一致，未考虑"质量守恒"的数值流形法计算误差在 10% 左右。因此，数值流形法在计算过程中对单元密度进行修正，使其遵循"质量守恒"是必要的，此处提出的对单元密度的修正方法是可靠的。

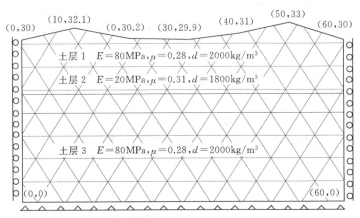

注：①图中 (a, b) 表示模型控制点坐标；②土层参数中，E 为弹性模量、μ 为泊松比、d 为密度；③模型左右两侧为法向约束，底部固定约束，上部为自由边界。

(a) 计算参数及边界条件 (单位：m)

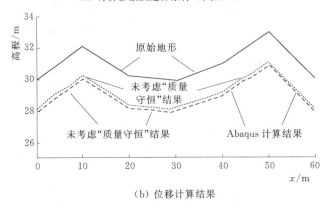

(b) 位移计算结果

图 3.10　多层土基模型及计算结果

通过上述分析可知：

(1) 数值流形法是涵盖了有限元法、非连续变形分析法 (DDA) 的新的数值方法体系，能够统一处理连续和非连续问题。当流形元的数学单元广义节点和物理单元节点完全一致时，数值流形法能够回归到有限元法。

(2) 流形元分时步进行计算，在每一时步中，流形元根据变化后的节点坐标更新单元刚度矩阵，单元刚度矩阵不断变化。流形元在计算过程中不断更新单元坐标。因此，通过多个时间步长内的小变形累加，可以实现大变形问题的模拟。

（3）在流形元的分步计算中，可以通过修正单元密度以实现"质量守恒"。计算结果表明，考虑"质量守恒"的流形元模拟提高了计算的精度。

（4）通过算例分析，物理单元与数学单元是否一致对计算结果影响不大。数学单元、物理单元两套网格的使用大大简化了网格剖分，特别是大变形和裂纹扩展条件下网格重构问题，体现了数值流形法在数值计算中的优势。

3.4 节理岩体数值试样自动生成算法及程序实现

节理岩体数值试样生成是进行数值仿真试验的前提和基础。石根华[103]给出了基于现存裂缝生成块体的严格的二维计算方法，该算法生成矩阵表达式——表示点、线之间的拓扑关系。通过矩阵表达式可以无重复、无遗漏的搜索得到所有由裂缝切割形成的块体，这些块体的形状可以是任意的（凸体、凹体带孔洞的块体均可）。上述方法可应用于数值流形法单元的自动生成中。但是，该方法需要将没有相交形成闭合环路的裂缝或没有贯通的数值流形法中的数学单元的部分删除，而这些裂缝是节理、岩桥搭接破坏过程模拟中需要重点关注的。因此，这种裂缝删除方式对于本书开展的研究工作显然是不合适的。

本节通过虚拟节理技术保留被删除的节理，开发出适合节理岩体模拟的数值流形单元生成程序，从而实现节理岩体数值试样的自动生成。

3.4.1 基于矩阵表达式的块体搜索方法

该方法的核心是通过最简单的矩阵表达式（存储点号）表示平面内所有点、线之间的拓扑关系，最终实现平面内块体的搜索。具体流程及算例1图像示意如图 3.11 所示。

3.4.1.1 原始几何信息的矩阵表达式

原始几何信息为一组线段和若干个端点。每条线段由两个端点组成，该阶段的矩阵表达式 Q_0 描述线段与端点间的空间拓扑关系。算例1中共有 10 条线段和 16 个端点，原始几何信息矩阵 Q_0 及点线编号系统见表 3.8。

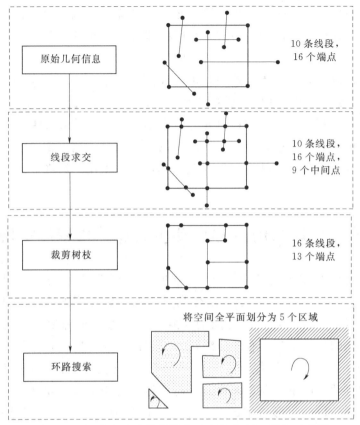

图 3.11　矩阵表达式块体搜索流程及算例 1 图像示意图

表 3.8　　　　　　　　　算例 1 原始几何信息矩阵表达式 Q_0

矩阵行号 （代表线号）	矩阵中信息 （存储点号）	点、线编号系统
1	1，2	
2	2，3	
3	3，4	
4	4，1	
5	5，6	（a）点编号系统
6	7，8	
7	9，10	
8	11，12	
9	13，14	
10	15，16	（b）线段编号系统

3.4.1.2　线段求交后的矩阵表达式

对所有线段进行求交，将交点按线段中的位置排序记录到矩阵中，算例 1 求交处理后几何信息的矩阵表达式 Q_0 变化见表 3.9。Q_0 是以线为基础的矩阵表达式，通过 Q_0 可以直接获得以点为基础的几何信息矩阵表达式 Q_1，算例 1 对应的 Q_1 见表 3.10。

表 3.9　　算例 1 线段求交处理后几何信息矩阵表达式 Q_0

矩阵行号 （代表线号）	矩阵中信息 （存储点号）	点、线编号系统
1	1，17，18，2	
2	2，19，3	
3	3，21，20，4	
4	4，5，1	
5	5，22，17，6	
6	7，20，8	
7	9，23，24，18，10	
8	11，21，25，12	
9	13，23，25，14	
10	15，24，19，16	

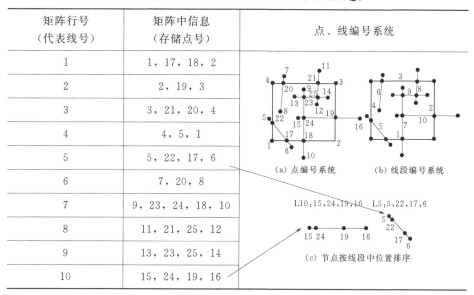

3.4.1.3　裁剪树枝后的矩阵表达式

如果 Q_1 第 i 行中只有 1 个数，说明过该点的线段不能形成闭合环路，需要将线段删除（同时删除两条有向线段）。需要指出的是，单向有向线段被删除后，可能出现新的只有 1 个数的情况，这时同样需要删除。上述工作即为裁剪树枝，裁剪树枝后 Q_1 矩阵信息见表 3.11。裁剪树枝后对矩阵中信息按角度逆时针排序得到的数据即为搜索块体使用的矩阵表达式，见表 3.11。

3.4.1.4　根据矩阵表达式的块体搜索过程

步骤 1：遍历矩阵 Q_1 中的有向线段的位置数据。找到第一个位置数据不为零的有限线段即为块体搜索的起始线段：$i \rightarrow j$，其中 i 为行号，j 为矩阵中点的编号值，将这条有限线段的位置数据乘以 -1，表示该有向线段已经被使用。当所有有点线段的位置数据皆为负值时，整个搜索过程结束，否则进行步骤 2。

表 3.10　　　　　　算例 1 以点为基础的几何信息矩阵表达式 Q_1

矩阵行号 （代表点号）	矩阵中信息 （存储点号）	点编号系统及有向线段
1	17，22	
2	18，19	
3	19，21	
4	20，22	
5	22	
6	17	
7	20	
8	20	
9	23	
10	18	
11	21	
12	25	
13	23	
14	25	
15	24	
16	19	
17	1，6，22，18	
18	17，10，2，24	
19	2，3，24，16	
20	21，4，7，8	
21	3，20，11，25	
22	4，1，5，17	
23	9，24，13，25	
24	23，18，15，19	
25	23，14，21，12	

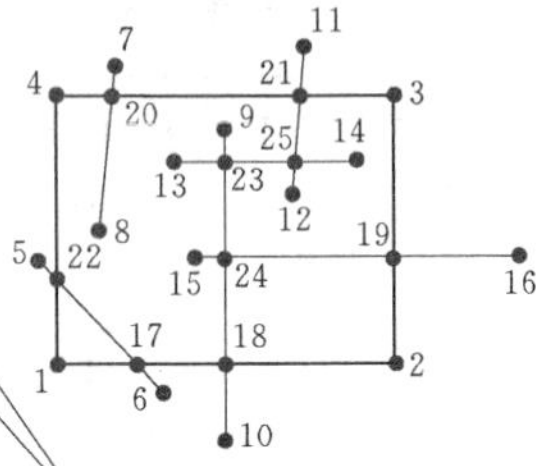

(a) 点编号系统

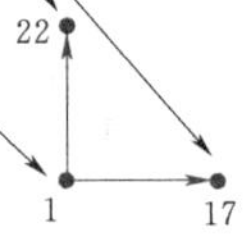

(b) 以编号为起点，矩阵中信息为终点
表示有向线段

(c) 只有 1 个数的情况

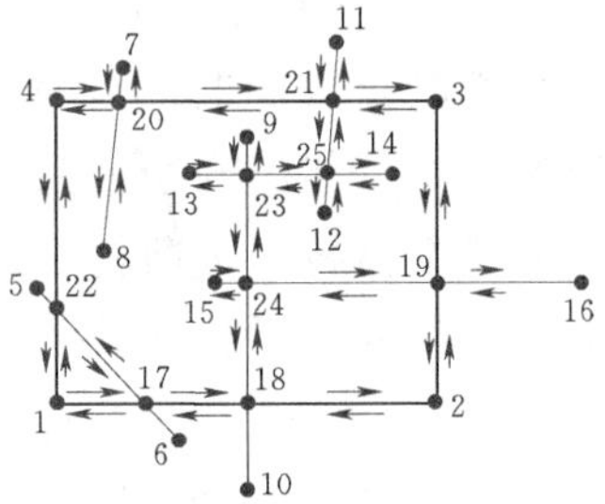

(d) 每条线段由两条方向相反有向线段组
成，矩阵可以且仅可以表示所有有向线段

表 3.11 裁剪树枝后的矩阵表达式 Q_1

矩阵行号 （代表点号）	排序前 （代表点号）	点编号系统及有向线段
1	5，10	
2	6，7	
3	7，9	
4	8，10	
5	1，6，10	
6	5，2，12	
7	2，3，12	
8	9，4	
9	3，8，13	
10	4，1，5	
11	12，13	
12	11，6，7	
13	11，9	

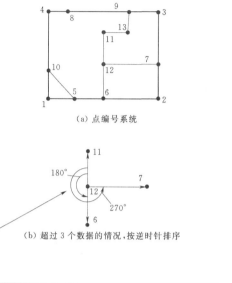

(a) 点编号系统

(b) 超过 3 个数据的情况，按逆时针排序

步骤 2：以点 j 为原点，顺时针旋转线段 $j \rightarrow i$，最先碰到的有向线段即为块体的下一条线段。当这条有向线段的位置数据小于零时，这个环路的搜索过程完成，执行步骤 1，否则，执行步骤 3。

步骤 3：在 j 行中找到编号为 i 的点，该编号的下一个位置存储的编号为 k，令 $i=j$，$j=k$。$i \rightarrow j$ 即为搜索到的下一条有向线段，将该有向线段的位置数据乘以 -1，执行步骤 2。算例 1 搜索过程如图 3.12 所示。

3.4.1.5 几种特殊形态块体的环路搜索结果

对于凹体、与边界连通的内部带孔洞的块体都可以通过 1 条环路描述，凹体搜索得到的顺时针旋转的环路与块体 11 对应，凹体见图 3.12（d）所示；与边界连通的内部带孔洞如图 3.13（a）所示；对于存在不与边界连通的内部带孔洞的块体，搜索环路时会得到内孔顺时针旋转的环路，通过几个环路叠加描述块体如图 3.13（b）所示。

3.4.2 数值流形法单元生成

根据研究对象的不同，自动生成有限数学覆盖体系和数学单元，将数学单元边界和几何边界一起进行二维块体划分生成物理单元，通过几何边

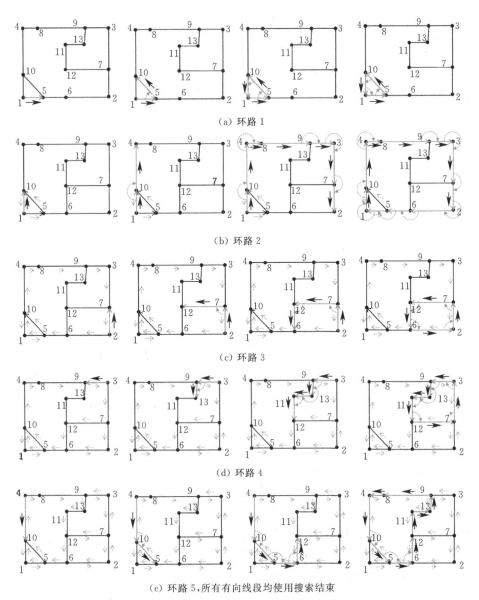

（a）环路 1

（b）环路 2

（c）环路 3

（d）环路 4

（e）环路 5，所有有向线段均使用搜索结束

注：图中所列搜索过程即程序实现的基于矩阵表达式的环路搜索过程，实线小箭头表示之前搜索环路中已经使用过的有向线段，粗线箭头表示当前环路搜索使用的有向线段。

图 3.12　算例 1 搜索过程

界对数学覆盖的贯通性确定数学覆盖层数，建立最终使用的数学覆盖和数学单元，关联物理单元和数学单元形成数值流形法单元系统，具体流程如图 3.14 所示。

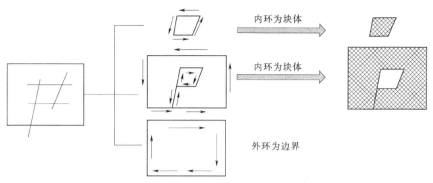

(a) 算例 2，与边界连通的内部带孔洞的块体及其搜索环路

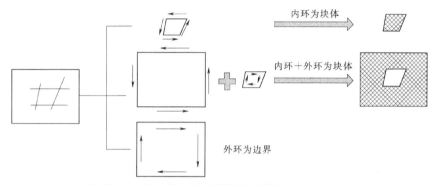

(b) 算例 3，不与边界连通的内部带孔洞的块体及其搜索环路

图 3.13　特殊形态块体的环路搜索

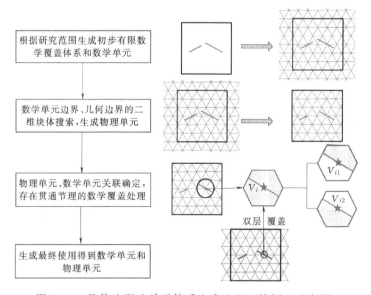

图 3.14　数值流形法单元体系生成流程（算例 5 示意图）

　　为了便于处理连续和非连续介质，数值流形法通过增加数学覆盖的方法实现节理接触、张开、脱离的模拟，在算例 6 中三角形中存在两条节理，经过二维块体搜索后，与物理单元有关有限数学覆盖如图 3.15（a）所示，

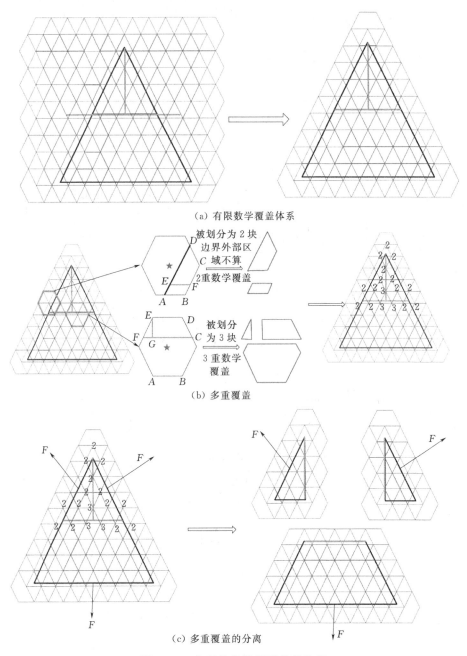

（a）有限数学覆盖体系

（b）多重覆盖

（c）多重覆盖的分离

图 3.15　节理贯穿数学覆盖的处理

通过判断节理与边界将数学覆盖划分的份数确定数学覆盖的层数，判断过程如图 3.15（b）所示，物体分离后数学覆盖如图 3.15（c）所示。

3.4.3 虚拟节理技术保留被删除的节理

对比算例 5 可知（如图 3.16 所示），经过块体搜索后，节理的几何形态变化较大，这是由于二维块体搜索过程中删除了没有贯穿数学单元（三角形）的部分节理，改变了节理延伸长度，这种裁剪对于重点关注节理尖端应力变形特征的节理岩体来说显然是不合适的。本节采用虚拟节理技术，保证生产物理单元时不会造成节理失真，具体思路如下：

（1）在进行二维块体搜索时，生成新的矩阵保留被裁剪的线段。

（2）生成物理单元后，建立被裁剪线段与物理单元的关联性。

（3）对含有被裁剪线段的物理单元进行虚拟节理处理，记录所有虚拟节理，计算过程中通过给虚拟节理附较大的强度特性参数，模拟连续边界。

（4）以虚拟节理与原有几何信息、数学单元边界为输入信息重新生成物理单元和数学单元。

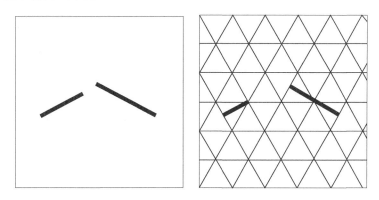

图 3.16　算例 5，物理边界与物理单元对比

虚拟节理的处理分以下几种情况：

（1）物理单元内只含有 1 条被裁剪线段时，延长被裁剪线段与物理单元相交，延长线即为虚拟节理，如图 3.17（a）所示。

（2）物理单元内部含有 2 条被裁剪线段时，两条裁剪线段在单元内的两个端点的组成的线段即为虚拟节理，如图 3.17（b）所示。

（3）物理单元内部含有 3 条被裁剪线段时，三条裁剪线段在单元内的三个端点相互连接组成 3 条线段，取其中两条不与裁剪线段相交的线段作为虚拟节理，如图 3.17（c）所示。

（4）物理单元内部含有 4 条或者 4 条以上被裁剪线段时，单元内部的端点相互连接形成一组线段，删除与原有裁剪线段相交的线段；以满足包含所有内部端点、线段相互不相交两个原则，找出所有可能的线段组合，取线段数最少的组合为虚拟节理，如图 3.17（d）所示。

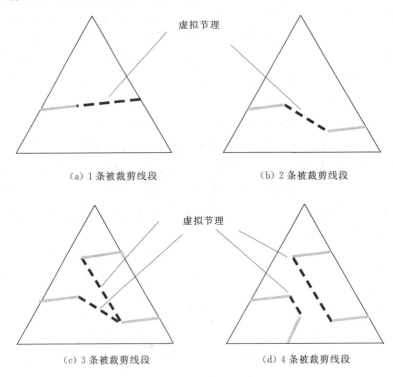

（a）1 条被裁剪线段　　　　　　　　（b）2 条被裁剪线段

（c）3 条被裁剪线段　　　　　　　　（d）4 条被裁剪线段

图 3.17　虚拟节理示意图

算例 5 采用虚拟节理技术处理后，物理边界与物理单元对比如图 3.18 所示。

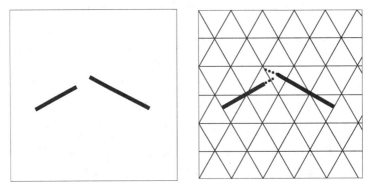

图 3.18　算例 5，采用虚拟节理技术处理后物理边界与物理单元对比

3.4.4　节理岩体数值试样自动生成程序

通过程序开发实现节理岩体数值试样的自动生成程序，为后期节理岩体破坏过程模拟和工程力学特性研究奠定了基础。主要功能包括：

（1）读入结构面网络模拟数据。

（2）网络模拟结果基础上不同尺寸、不同方向节理岩体截取。

（3）节理岩体数值流形单元自动生成。

3.5　基于矢量计算和矩阵表达式的三维块体搜索方法

本书主要在二维条件下进行节理岩体变形、破坏、扩展演化过程进行室内试验和数值仿真模拟，并在此基础上对节理岩体工程力学特性进行研究。但是，节理岩体具有明显的三维效应，三维的研究是节理岩体后期发展的必然趋势。本节主要在矢量计算基础上，将矩阵表达式的二维块体搜索算法推广到三维空间，实现三维数值流形法数学单元和物理单元的自动生成，为开展节理岩体三维研究奠定基础，对未来研究进行初步探索。

矩阵表达式的块体搜索方法，核心思想是通过最简单编号矩阵描述研究区域内几何信息之间的拓扑关系，根据拓扑关系实现块体的搜索，该方法本身并没有二维、三维特性，他适用于二维、空间平面、曲面以及三维空间的块体搜索，适用性主要取决于生成矩阵表达式过程中几何信息自身特性。

矢量运算一般带有特定的空间几何意义，如两个矢量 $\vec{e_1}$、$\vec{e_2}$ 叉乘得到一个新的矢量 $\vec{e_3}$，则 $\vec{e_3}$ 的方向为 $\vec{e_1}$、$\vec{e_2}$ 组成空间平面的法线向量，$\vec{e_3}$ 是长度表示 $\vec{e_1}$、$\vec{e_2}$ 向量端点与原点组成的三角形的面积，这种特性的空间几何意义为三维几何信息之间关系判断（如点线关系、线段关系、多边形与多边形关系判断等）提供了极大的便利，非常适合三维块体搜索的前期处理。本节整理了一套基于矢量运算的三维几何信息运算算法，为三维块体搜索形成矩阵表达式奠定了基础。

本节主要介绍上述两部分内容。

3.5.1　矢量运算及空间几何信息的矢量表达式

3.5.1.1　空间点与矢量

在三维空间中，点可以通过三个坐标轴的坐标定义 $P_1 = (x_1,\ y_1,$

z_1），矢量可以通过三个方向的分量描述 $\vec{e}_2 = (x_2, y_2, z_2)$。通过上述定义可知空间点和矢量具有相同的表达式，将矢量定义为原点指向空间点的有向线段，则空间与矢量是一一对应的，空间点可以用矢量描述。

在三维块体搜索计算过程中，定义点为原点指向该点的矢量，则点与点、点与矢量均可进行矢量运算，并且赋予矢量运算一些新的几何意义。

3.5.1.2　矢量运算及几何意义

矢量运算一般带有特定的空间几何意义，表 3.12 对三维块体搜索中使用到的基本矢量运算及其空间几何意义进行简单介绍，通过这些基本矢量运算及基本运算间的组合，可以很容易解决复杂的空间关系运算。

表 3.12　　　　　　　　　　　矢量运算及几何意义

矢量运算	结果类型	示　意　图	几何意义
加运算 $\vec{e}_3 = \vec{e}_1 + \vec{e}_2$	矢量		可表示 $\vec{e}_1$ 对应点 P_1 的沿着 $\vec{e}_2$ 平移；也可表示可表示 $\vec{e}_2$ 对应点 P_2 的沿着 $\vec{e}_1$ 平移
减运算 $\vec{e}_3 = \vec{e}_1 - \vec{e}_2$	矢量		可表示 $\vec{e}_1$ 对应点 P_1 的沿着 $-\vec{e}_2$ 平移
点乘运算 $r = \vec{e}_1 \cdot \vec{e}_2$	浮点数		可用于两个向量之间的角度判断
叉乘运算 $\vec{e}_3 = \vec{e}_1 \times \vec{e}_2$	矢量		可用于求面法向量、垂线、面积等

矢量运算	结果类型	示　意　图	几何意义
连续叉乘 $\vec{e_3}=\vec{e_1}\times$ $\vec{e_2}\times\vec{e_1}$	矢量	(a) $\theta<180°$，$\vec{e_3}$指向内部 (b) $\theta>180°$，$\vec{e_3}$指向外部	连续叉乘可直接得到垂直 $\vec{e_1}$ 的方向向量，该向量在通过 $\vec{e_1}$、$\vec{e_2}$ 确定的平面上

注　当空间点进行矢量运算时，表示原点指向该点矢量进行的运算。

3.5.1.3　线段、多边形的矢量表达式

由 3.5.1.1 节可知，空间点与原点指向该点的向量是一一对应的，通过点和矢量定义的方式都可以称为矢量表达式。

线段的矢量表达式一般有以下两种：①通过起点和终点定义线段，包括起点坐标 $P_1=(x_1，y_1，z_1)$ 和终点坐标 $P_2=(x_2，y_2，z_2)$；②通过起点和线段方向矢量定义线段，包括起点坐标 $\vec{e_{12}}=(x_{12}，y_{12}，z_{12})$ 矢量信息。两种矢量表达式如图 3.19 所示。

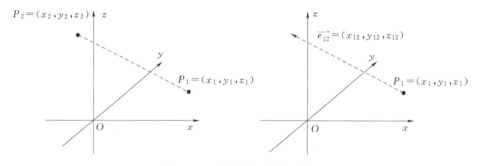

图 3.19　线段的矢量表达式

在三维块体搜索中，线段与多边形具有明确的拓扑关系，为表示这种关系（图 3.20），我们引入一组方向矢量，矢量为在多边形上指向内部的垂直线段的矢量。

因此，三维块体搜索中线段可以通过两个向量（起点、终点或起点线段方向向量）和一组面的垂线向量表示，称之为线段的矢量数据格式。

多边形的矢量表达式一般有以下两种：①通过按一定顺序排序的多边

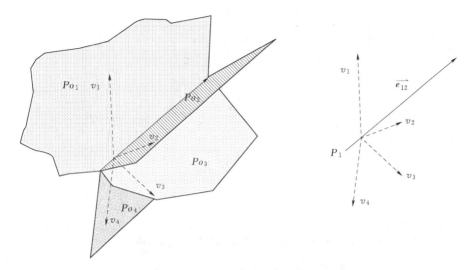

图 3.20　表示线面拓扑关系的矢量表达式

形节点定义 $Po_1 = P_1 P_2 \cdots P_n$；②通过起点和多边形边界向量表示 $Po_1 = P_1 \overrightarrow{e_{12}} \overrightarrow{e_{23}} \cdots \overrightarrow{e_{n1}}$。两种矢量表达式如图 3.21 所示。

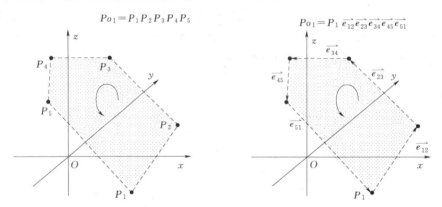

图 3.21　多边形的矢量表达式

3.5.2　基于矢量运算的关系判断

3.5.2.1　点点关系判断

通过两点之间的距离判断点与点之间的关系：$P_1 = (x_1, y_1, z_1)$，$P_2 = (x_1, y_1, z_1)$ 之间的距离向量 $\overrightarrow{e_{12}} = P_2 - P_1$，①如果 $|\overrightarrow{e_{12}}| = 0$，点与点重合；②如果 $|\overrightarrow{e_{12}}| > 0$，点与点分离。

在距离的计算式中出现点的运算，表示原点到该点的向量的运算，本节里所有公式均遵循这样的原则，不再赘述。

3.5.2.2 点线关系

定义点 $P_1=(x_1, y_1, z_1)$，线段起点 $P_2=(x_2, y_2, z_2)$，方向向量 $\vec{e_{23}}=(x_{23}, y_{23}, z_{23})$。则线段起点与点的方向矢量 $\vec{e_{21}}=P_1-P_2$。点线关系可以通过以下方式判别：

（1）共线判断：定义 $\vec{e_3}=\vec{e_{21}}\times\vec{e_{23}}$，①如 $|\vec{e_3}|>0$，表示点与线不共线；②如 $|\vec{e_3}|=0$，表示点与线共线。

该判断对应的几何意义为：$|\vec{e_3}|$ 可以表示 P_1、P_2 和线段终点组成的三角形面积的 2 倍，当 3 点共线时面积为 0，3 点不共线时面积不为 0，如图 3.22 所示。

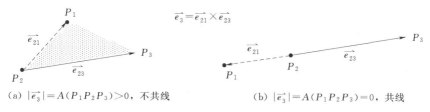

（a）$|\vec{e_3}|=A(P_1P_2P_3)>0$，不共线　　　　（b）$|\vec{e_3}|=A(P_1P_2P_3)=0$，共线

图 3.22　点线共线判断示意图

当点与线段不共线时进行后续判断。

（2）P_1 位置判断：定义 $r=\dfrac{\vec{e_{21}}\cdot\vec{e_{23}}}{\vec{e_{23}}\cdot\vec{e_{23}}}$，①当 $r<0$ 时，P_1 在线段反向延长线上；②当 $r=0$ 时，P_1 与线段起点重合；③当 $0<r<1$ 时，P_1 在线段内部；④当 $r=1$ 时，P_1 与线段终点重合；⑤当 $r>1$ 时，P_1 在线段延长线上。

该判断对应的几何意义为：$\dfrac{\vec{e_{21}}\cdot\vec{e_{23}}}{|\vec{e_3}|}$ 表示 P_1 在线段方向上的投影长度，$\dfrac{\vec{e_{21}}\cdot\vec{e_{23}}}{|\vec{e_3}||\vec{e_3}|}=\dfrac{\vec{e_{21}}\cdot\vec{e_{23}}}{\vec{e_{23}}\cdot\vec{e_{23}}}$ 表示投影长度与线段自身长度的比值，该比值是带有方向性的，如图 3.23 所示。

3.5.2.3 线线关系和线段求交

定义线段 L_1 的起点 $P_1=(x_1, y_1, z_1)$，终点 $P_2=(x_2, y_2, z_2)$；定义线段 L_2 的起点 $P_3=(x_3, y_3, z_3)$，终点 $P_4=(x_4, y_4, z_4)$，则有关方向向量分别为：$\vec{e_{12}}=P_2-P_1$，$\vec{e_{34}}=P_4-P_3$，$\vec{e_{13}}=P_3-P_1$，$\vec{e_{14}}=P_4-P_1$。线线关系可以通过以下方式判断。

（1）线线共面判断：定义 $v=\vec{e_{13}}\times\vec{e_{14}}\cdot\vec{e_{12}}/6$，①如果 $v=0$，两条线

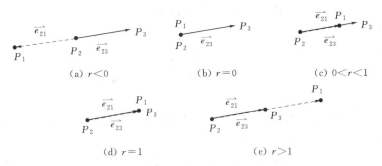

(a) $r<0$　　　　　(b) $r=0$　　　　　(c) $0<r<1$

(d) $r=1$　　　　　　(e) $r>1$

图 3.23　点线位置判断示意图

段共面；②如果 $v\neq0$，两条线段不共面，没有交点。

该判断对应的几何意义为：v 表示 P_1、P_2、P_3、P_4 四个点组成的四面体体积，当体积为 0 时说明两线段共面，体积不为 0 是说明两线段不共面，如图 3.24 所示。

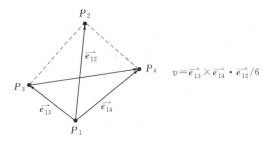

$v=\overrightarrow{e_{13}}\times\overrightarrow{e_{14}}\cdot\overrightarrow{e_{12}}/6$

图 3.24　线段共面判断示意图

当线段共面的时候进行后续判断。

（2）线线平行或共线判断：定义 $\overrightarrow{e_3}=\overrightarrow{e_{12}}\times\overrightarrow{e_{34}}$，$\overrightarrow{e_4}=\overrightarrow{e_{12}}\times\overrightarrow{e_{13}}$，①如果 $|\overrightarrow{e_3}|=0$，且 $|\overrightarrow{e_4}|=0$，两条线段共线；分别进行 P_1、P_2 与 L_2，P_3、P_4 与 L_1 之间的点线关系判断，如果 $0\leqslant r\leqslant1$，则该点为两条线段的交点。当两条线段共线时可能有 1、2、3、4 个交点的情况。②如果 $|\overrightarrow{e_3}|=0$，且 $|\overrightarrow{e_4}|\neq0$，两条线平行，没有交点。③如果 $|\overrightarrow{e_4}|\neq0$，两条线段不平行也不相交，如图 3.25 所示。

如果 $|\overrightarrow{e_3}|\neq0$，进行后续判断。

（3）不共线、不平行的线线求交点：定义 $\overrightarrow{e_3}=\overrightarrow{e_{12}}\times\overrightarrow{e_{13}}/2$，$\overrightarrow{e_4}=\overrightarrow{e_{12}}\times\overrightarrow{e_{14}}/2$、$\overrightarrow{e_5}=\overrightarrow{e_4}-\overrightarrow{e_3}$、$r_2=\dfrac{\overrightarrow{e_3}\cdot\overrightarrow{e_5}}{\overrightarrow{e_5}\cdot\overrightarrow{e_5}}$，则 r_1 为可能交点；①当 $r_2<0$、$r_2>1$ 时，可能交点在线段 L_2 的延长线上，两线段没有交点，如图 3.26 所示；

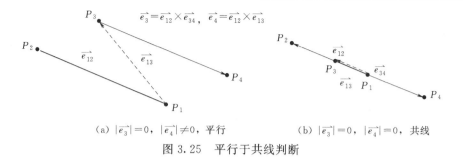

(a) $|\vec{e_3}|=0$，$|\vec{e_4}|\neq0$，平行　　　　(b) $|\vec{e_3}|=0$，$|\vec{e_4}|=0$，共线

图 3.25　平行于共线判断

②当 $0\leqslant r_2\leqslant1$ 时，可能交点在线段 L_2 上，根据 r_2 求出可能交点 P_5，根据点线关系判断可求出 P_5 上可能交点在 L_1 上的比例 r_1；③当 $r_1<0$、$r_1>1$ 时，两条线段没有交点；④当 $0\leqslant r_1\leqslant1$，P_5 为两条线段的交点。

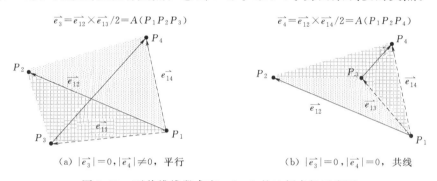

(a) $|\vec{e_3}|=0$，$|\vec{e_4}|\neq0$，平行　　　　(b) $|\vec{e_3}|=0$，$|\vec{e_4}|=0$，共线

图 3.26　不共线线段求交，L_2 上的比例求解示意图

3.5.2.4　面的内法向量

定义 $Po_1=P_1P_2\cdots P_n$，$P_i=(x_i，y_i，z_i)$，令 $\vec{e_i}=P_i-P_1$，则多边形内法向量 $\vec{m}=\sum_{i=2}^{n}\vec{e_{i+1}}\times\vec{e_i}/2$。几何意义类似单纯形积分，$\vec{e_{i+1}}\times\vec{e_i}$ 表示三角形 $P_1P_{i+1}P_i$ 有向面积，任意点与所有边的有向面积之和为多边形面积，如图 3.27 所示。

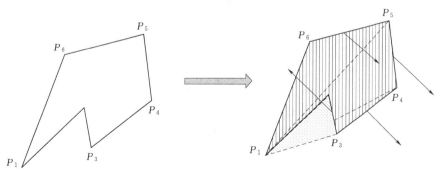

图 3.27　面的内法向量求解示意图

3.5.2.5　点面关系

定义点 $P_1 = (x_1, y_1, z_1)$，多边形 $Po_1 = P_2P_3\cdots P_n$，$P_i = (x_i, y_i, z_i)$，则有

（1）共面判断。定义 $\overrightarrow{e_{32}} = P_3 - P_2$，$\overrightarrow{e_{34}} = P_3 - P_4$，$\overrightarrow{e_{34}} = P_3 - P_4$，$\overrightarrow{e_{31}} = P_3 - P_1$，$v = \overrightarrow{e_{34}} \times \overrightarrow{e_{32}} \cdot \overrightarrow{e_{31}}/6$，如图 3.28 所示。①如果 $r = 0$，点与多边形共面；②如果 $r \neq 0$，点与多边形不共面。

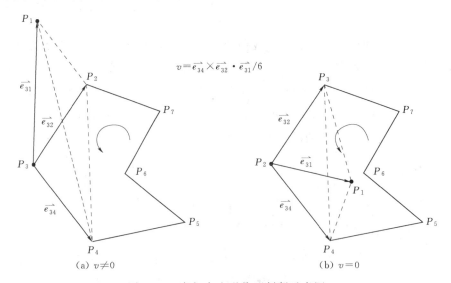

$$v = \overrightarrow{e_{34}} \times \overrightarrow{e_{32}} \cdot \overrightarrow{e_{31}}/6$$

（a）$v \neq 0$　　　　　　（b）$v = 0$

图 3.28　点与多边形共面判断示意图

判断几何意义：v 为 P_1 与 P_2、P_3、P_4 组成的四面体体积，当体积为 0 时，点与多边形共面，当体积不为 0 时，点与多边形不共面。

当点与多边形共面时，进行后续判断。

（2）点与多边形顶点重合判断。遍历多边形所有节点，进行点点关系判断，如果点与多边形顶点重合，说明点在多边形顶点上。

当点不在多边形顶点上时进行后续判断。

（3）点与多边形边界线进行点线关系运算。如果点不在边界上进行后续判断。

（4）点与多变形关系判断。定义，从 P_1 引一条射线，该射线不过多边形顶点，如果射线与多边形边界的交点为基数个 n，①当 n 为奇数时，P_1 在多边形内部；②当 n 为偶数时，P_1 在多边形外部。

3.5.2.6　线面关系判断及线面求交

定义线段 L_1 的起点 $P_1 = (x_1, y_1, z_1)$，终点 $P_2 = (x_2, y_2, z_2)$，

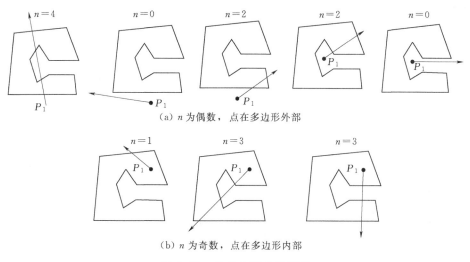

（a）n 为偶数，点在多边形外部

（b）n 为奇数，点在多边形内部

图 3.29　点多边形关系判断

多边形 $Po_1 = P_3 P_4 \cdots P_n$，$P_i = (x_i, y_i, z_i)$，$\vec{e_{12}} = P_2 - P_1$，$\vec{e_{31}} = P_1 - P_3$，$\vec{e_{32}} = P_2 - P_3$，根据 3.5.2.4 节分别求出 Po_1 内法向量 $\vec{m_1}$。

（1）线面共面、平行判断。定义 $r_2 = \vec{m_1} \cdot \vec{e_{12}}$，$r_1 = \vec{m_1} \cdot \vec{e_{31}}$，①当 $r_2 = 0$，$r_1 = 0$ 时，线与多边形共面，L_1 分别于 Po_1 边界上的每条线段求交；②当 $r_2 = 0$，$r_1 \neq 0$ 时，线与多边形平行，如图 3.30 所示。

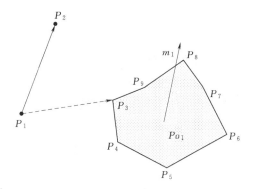

图 3.30　线面平行示意图

当 $r_2 \neq 0$ 时进行后续判断。

（2）线面求交。定义 $r_3 = \vec{m_1} \cdot \vec{e_{32}}$，$r = \dfrac{r_1}{r_3 - r_1}$，①当 r$<$0、r$>$1 时，线多边形没有交点；②当 $0 \leqslant r \leqslant 1$，可根据比例 r 直接求得可能交点 P_m。P_m 不在多边形外部，则 P_m 为线面交点。

3.5.2.7　面面关系及面面求交

定义多边形 $Po_1 = P_1 P_2 \cdots P_n$，$Po_2 = P_{n+1} P_{n+2} \cdots P_{n+m}$，根据 3.5.2.4 节分别求出 Po_1、Po_2 内法向量 $\vec{m_1}$、$\vec{m_2}$。

（1）面面共面、平行判断。定义，$\overrightarrow{e_{1(n+1)}} = P_{n+1} - P_1$，$\vec{e_3} = \vec{m_1} \times \vec{m_2}$，$r = \overrightarrow{e_{1(n+1)}} \cdot \vec{e_3}$，①当 $|\vec{e_3}| = 0$、$r = 0$，两个多边形共面，共面平行可根据二维块体切割求交；②当 $|\vec{e_3}| = 0$、$r \neq 0$，两个多边形平面，如图 3.31 所示。

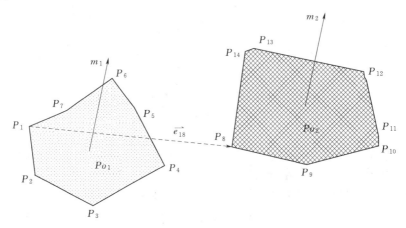

图 3.31　面面共面平行判断示意图

当两多边形时，进行后续判断。

（2）通过以下步骤实现面面求交：①Po_1 中所有边对 Po_2 进行线面求交并记录交点，Po_2 中所有边对 Po_1 进行线面求交，并记录交点；②所有交点按坐标排序，形成交线线段；③对每条交线线段中点与 Po_1、Po_2 进行点面关系判断，如果中点均在 Po_1、Po_2 内，说明该线段为交线，如图 3.32 所示。

3.5.2.8　点体关系

定义体 $V_1 = Po_1 Po_2 \cdots Po_n$，点 P_1，点体关系判断如下：

（1）点与体顶点是否重合，遍历所有 V_1 的顶点，进行点点关系判断。如点与顶点重合，点在体顶点上；如果没有重合点进行后续判断。

（2）点与体棱是否重合，遍历所有 V_1 的棱，进行点线关系判断。如点在棱内，点在体棱上；如果点不在体棱上，进行后续判断。

（3）点与体的多边形边界关系判断，遍历所有多边形，进行点边关系判断。如点在多边形内部，点在体多边形边界上；如果点不在多边形边界上，进行后续判断。

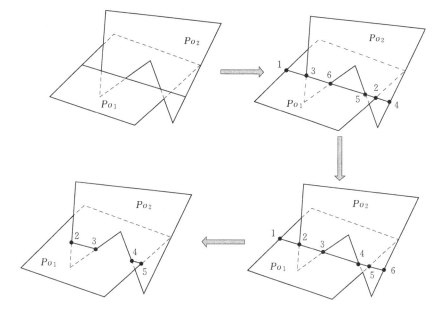

图 3.32 面面求交示意图

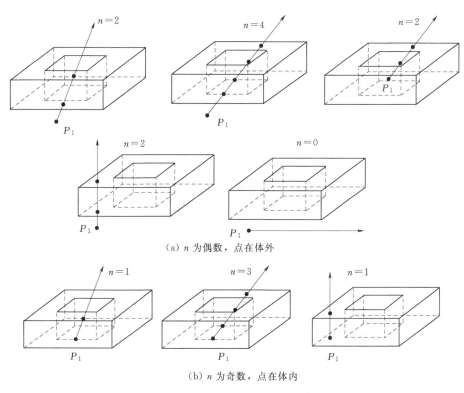

（a）n 为偶数，点在体外

（b）n 为奇数，点在体内

图 3.33 点体关系判断示意图

（4）定义，从 P_1 引一条射线，该射线不过多边形顶点和棱，如果射线与多边形边界的交点为基数个 n，①当 n 为奇数时，P_1 在体内部；②当 n 为偶数时，P_1 在体外部，如图 3.34 所示。

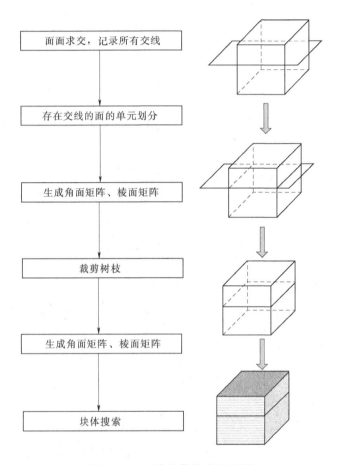

图 3.34　三维块体搜索流程图

3.5.3　基于矢量计算和矩阵表达式的三维块体搜索方法

通过最基本的向量运算进行空间几何信息关系判断和求交，通过编号矩阵表达式进行三维块体搜索，该方法适用性强，可对复杂节理岩体进行块体搜索。

3.5.3.1　三维块体搜索整体流程

三维块体搜索整体流程及算例 6 示意如图 3.34 所示。

二维块体搜索通过一个点线关系矩阵实现块体搜索，三维块体搜索需要通过三个矩阵实现三维块体搜索，三个矩阵分别是：①线面关系矩阵，以线段为基础表示线与面之间的拓扑关系；②面线关系矩阵，以面为基础表示面与线段之间的拓扑关系；③临时线段矩阵，存储搜索过程中只用了一次的线段，用于基础线段确定及搜索结束判断。下面分别对不同阶段矩阵表达式的生成、变化情况进行简单介绍。

3.5.3.2 原始几何信息的矩阵表达式

原始几何信息为一组多边形和若干个端点。每个多边形由若干个端点组成，该阶段的矩阵表达式 Q_0 描述多边形与端点间的空间拓扑关系。算例 6 中共有 7 个多边形和 12 个端点，原始几何信息矩阵 Q_0 及点、面编号系统见表 3.13。

表 3.13　　　　　　　　算例 6 原始几何信息矩阵表达式 Q_0

矩阵行号 （代表面号）	矩阵中信息 （存储点号）	点、面编号系统
1	4，3，2，1	
2	5，6，7，8	（a）点编号系统
3	1，2，6，5	
4	2，3，7，6	
5	3，4，8，7	
6	4，1，5，8	
7	9，10，11，12	（b）面编号系统

3.5.3.3 面面求交的矩阵表达式

所有面进行相互求交，记录交线，进行面面求交后矩阵表达式 Q_0 及点、面编号系统改变见表 3.14。

对有交线的面进行空间平面二维块体搜索，得到新的矩阵表达式 Q_0 及点、面编号系统改变见表 3.15。

表 3.14　　　　　　　算例 6，面面求交后矩阵表达式 Q_0

矩阵行号 （代表面号）	矩阵中信息 （存储点号）	交线信息	点、面编号系统
1	4，3，2，1		
2	5，6，7，8		
3	1，2，6，5	14，15	
4	2，3，7，6	13，14	
5	3，4，8，7	16，13	
6	4，1，5，8	15，16	
7	9，10，11，12	13，14，15，16	

（a）点编号系统

（b）面编号系统

表 3.15　　　　算例 6，空间平面二维块体搜索后矩阵表达式 Q_0

矩阵行号 （代表面号）	矩阵中信息 （存储点号）	点、面编号系统
1	4，3，2，1	
2	5，6，7，8	
3	1，2，14，15	
4	6，5，15，14	
5	2，3，13，14	
6	7，6，14，13	
7	3，4，16，13	
8	8，7，13，16	
9	4，1，15，16	
10	5，8，16，15	
11	9，15，16，12	
12	15，14，13，16	
13	14，10，11，13	

（a）点编号系统

（b）面编号系统

3.5.3.4　裁剪树枝的矩阵表达式

根据 Q_0 可直接转化为线面矩阵 Q_1，如果线段只有 1 个面经过，说明该线段不会形成闭合环路，需要对该线段所在的面进行裁剪，裁剪后对所有点、线面进行重新编号。裁剪后 Q_0 矩阵见表 3.16，裁剪数值前后 Q_1 变化情况及算例 6 示意见表 3.17。

表 3.16　算例 6，空间平面二维块体搜索后矩阵表达式 Q_0

矩阵行号 （代表面号）	矩阵中信息 （存储线号）	点、面编号系统
1	6，4，1，2	
2	9，10，11，13	
3	1，3，5，19	
4	9，11，13，19	
5	4，5，7，17	
6	12，13，15，17	
7	6，7，8，18	
8	14，15，16，18	
9	2，3，8，20	
10	10，11，16，20	
12	17，18，19，20	

(a) 裁剪后，点编号系统

(b) 裁剪后，面编号系统

表 3.17　算例 6，空间平面二维块体搜索前后矩阵表达式 Q_1

矩阵行号 （代表线号）	裁剪前		裁剪后		点、线面编号系统
	线段端点 编号	矩阵中信息 （存储面号）	线段端点 编号	矩阵中信息 （存储面号）	
1	1，2	1，3	1，2	1，3	
2	1，4	1，9	1，4	1，9	
3	1，15	3，9	1，11	3，9	
4	2，3	1，5	2，3	1，5	
5	2，14	3，5	2，10	3，5	
6	3，4	1，7	2，3	1，7	
7	3，11	5，7	2，9	5，7	
8	4，16	7，9	4，11	7，9	
9	5，6	2，4	5，6	2，4	
10	5，8	2，10	5，8	2，10	

(a) 点编号系统

(b) 面编号系统

矩阵行号（代表线号）	裁剪前		裁剪后		点、线面编号系统
	线段端点编号	矩阵中信息（存储面号）	线段端点编号	矩阵中信息（存储面号）	
11	5，15	4，10	5，11	4，10	（c）裁剪后，点编号系统
12	6，7	2，6	6，7	2，6	
13	6，14	4，6	6，10	4，6	
14	7，8	2，8	7，8	2，8	
15	7，13	6，8	7，9	6，8	
16	8，16	8，10	8，12	8，10	
17	9，12	11	9，10	5，6，11	（d）裁剪后，面编号系统
18	9，15	11	9，12	7，11，8	
19	10，11	13	10，11	3，4，11	
20	10，14	13	11，12	9，10，11	
21	11，13	13			
22	12，16	11			
23	13，14	5，6，12，13			（e）当矩阵中面编号超过 3 个时，根据棱的矢量表达式，按右手螺旋定则进行排序
24	13，16	7，8，12			
25	14，15	3，4，12			
26	15，16	9，10，11，12			

3.5.3.5　根据矩阵表达式的三维块体搜索

与二维块体搜索不同，通过线面矩阵表达式（表 3.17，Q_1）进行搜索三维块体时，还借助面线关系矩阵（表 3.16，Q_0）和一个存储仅使用 1 次的线段临时矩阵 Q_2。三维块体具体实现过程如下：

步骤 1：找到起始面，遍历线面关系矩阵，找到第 1 个大于 0 的面号即为起始面号 i，将面号乘以 -1 表示该面已经使用，i 为初始面存入体数据中；找到与 i 反向循环的面 j，将 j 中所有的边界和 i 存入临时线段矩阵中作为搜索和结束判断依据。如果找不到大于 0 的面号，块体搜索结束。

步骤 2：如果临时矩阵 Q_2 中没有数据，搜索结束；如临时矩阵中有数据，取第 1 条线段 k 及对应面 i，在 Q_1 矩阵中找到第 k 行中 i 面所在位置，该位置下一个编号 j 即为搜索得到的下一个多边形，将面号乘以 -1 表示该面已经使用，j 存入体数据中；找到与 j 反向循环的面 l，对 l 与临时数组中进行判断，如果有相同编号的线段，临时数组中删除该编号，如没有相同编号的线段，将该线段编号和面对应编号存入临时数组中。重新执行步骤 2，如图 3.35 所示。

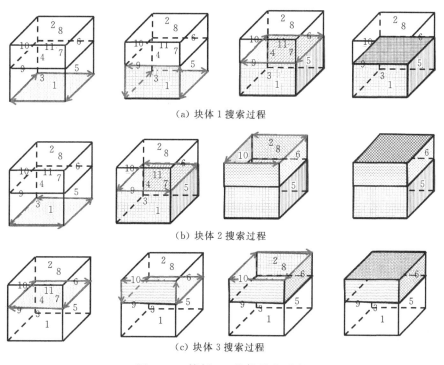

（a）块体 1 搜索过程

（b）块体 2 搜索过程

（c）块体 3 搜索过程

图 3.35　算例 7，块体搜索过程

3.5.3.6　几种特殊块体的搜索

对于凹体、环形这些可以通过一个闭合回路描述的三维块体，通过块体搜索得到的边界指向内部的块体即为搜索结果，对于内部有孔洞且不联通的块体，搜索过程中内部孔洞会形成两个块体，一个块体多边形内法向量指向内部，一个块体多边形内法向量指向外部，指向外部的多边形与其他块体组合成为块体，如图 3.36 所示。

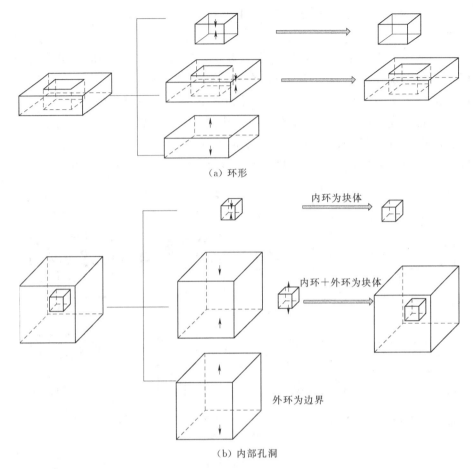

（a）环形

（b）内部孔洞

图 3.36　几种特殊形式的三维块体搜索示意图

3.6　本章小结

对数值流形法基本理论学习、程序测试，并对测试中发现的数值流形法中"质量守恒"问题进行探讨；在原有基于矩阵表达式的二维流形单元体系生成系统上，采用虚拟节理技术实现了适合于节理岩体流形单元生成算法和节理岩体数值试样自动生成算法；实现所有几何关系通过基本矢量运算进行判断，将基于矩阵表达式的块体搜索算法推广到三维空间，为开展节理岩体三维研究奠定基础，对未来研究进行初步探索。具体结论如下：

（1）数值流形法两套网格（数学网格、物理网格）的使用，即能精确

3.6 本 章 小 结

模拟连续的位移场，也能模拟物体之间的接触和分离，非常适合节理岩体这种断续介质破坏过程的模拟。

（2）通过在流形元的分步计算中修正单元密度以实现"质量守恒"，计算结果表明，考虑"质量守恒"的流形元模拟提高了计算的精度。

（3）在基于矩阵表达式的二维块体搜索基础上，引入虚拟节理技术，改进节理岩体数值流行单元生成算法，使得节理分布不会因为块体搜索而改变长度，并开发了数值试样自动生成程序。

（4）引入矢量运算，推导所有几何关系判断的矢量运算公式，构建三维空间块体搜索的矩阵表达式，实现三维块体搜索，为开展节理岩体三维研究奠定基础，对未来研究进行初步探索。

第4章 节理岩体变形、破坏、扩展演化全过程数值仿真模拟

4.1 引言

岩体的破坏和失稳大多是其内部节理变形、破坏、扩展进而贯通滑移引起的，主要表现为节理和岩桥的复合破坏。由于节理空间分布的复杂性，节理和岩桥在岩体破坏过程中的变形、破坏、扩展演化规律及强度贡献问题至今仍没有很好地解决。

在室内试验的基础上，引入断裂力学中裂纹尖端应力强度因子概念，采用数值流形法开发节理岩体变形、破坏、扩展演化全过程数值仿真程序，为后续基于数值试验的节理岩体工程力学参数确定提供基础条件，节理岩体数值仿真方法主要研究内容和整体流程如图4.1所示。

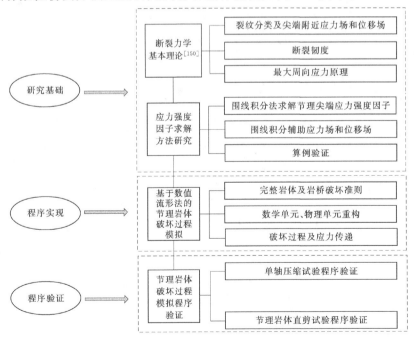

图 4.1 节理岩体变形、破坏、扩展演化全过程数值仿真模拟整体流程

4.2 断裂力学基本理论

4.2.1 裂纹分类及尖端附近应力场和位移场

对于节理岩体破坏过程中应力分析，最重要的是在节理尖端附近应力分析。断裂力学将节理裂隙按受力情况划分为三种基本形式，分别为张开型（Ⅰ型）、面内剪切型（Ⅱ型）和面外剪切型（Ⅲ型），如图 4.2 所示。更复杂的节理裂隙可以由这几种简单裂纹组合而成，称之为复合型裂纹。根据节理裂隙尖端类型不同，应力场是不同的。

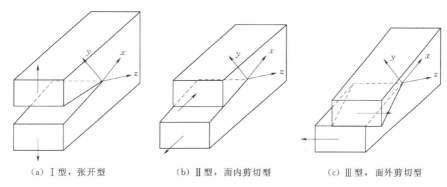

（a）Ⅰ型，张开型　　　　　（b）Ⅱ型，面内剪切型　　　　　（c）Ⅲ型，面外剪切型

图 4.2　节理裂隙尖端的三种基本形式

Westergaard[151]通过某种对称性情况和复变函数推导出三种基本类型裂纹尖端应力场和位移场，这些应力场和位移场通过应力强度因子 K_{I}、K_{II}、K_{III} 表示，该方法简单实用，是目前应用最为广泛的裂纹尖端应力场和位移场表示方式。

4.2.1.1　Ⅰ型裂纹尖端附近的应力和位移场

Westergaard[151]假设含有Ⅰ型裂纹的无限大板的情况，如图 4.3 所示，引入以裂纹尖端为原点极坐标体系，也称为裂纹前缘坐标系，通过在裂纹端部利用二项式定理对应力场作泰勒展开，根据弹性力学平面问题求得裂纹尖端应力场，如式（4.1）所示。

$$\begin{cases} \sigma_{xx} = \dfrac{K_{\text{I}}}{\sqrt{2\pi r}}\cos\dfrac{\theta}{2}\left(1-\sin\dfrac{\theta}{2}\sin\dfrac{3\theta}{2}\right)+o\left(\dfrac{1}{\sqrt{r}}\right) \\[2mm] \sigma_{yy} = \dfrac{K_{\text{I}}}{\sqrt{2\pi r}}\cos\dfrac{\theta}{2}\left(1+\sin\dfrac{\theta}{2}\sin\dfrac{3\theta}{2}\right)+o\left(\dfrac{1}{\sqrt{r}}\right) \\[2mm] \tau_{xy} = \dfrac{K_{\text{I}}}{\sqrt{2\pi r}}\cos\dfrac{\theta}{2}\sin\dfrac{\theta}{2}\cos\dfrac{3\theta}{2} \end{cases} \tag{4.1}$$

式中：$K_{\mathrm{I}} = \sigma_y^{\infty} \sqrt{2\pi a}$，称为 I 型裂纹应力强度因子。

同时通过坐标转化可以得到极坐标条件下根据弹性力学平面问题求得裂纹尖端应力场，如式（4.2）所示。

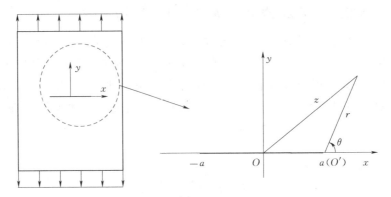

图 4.3　设含有 I 型裂纹的无限大板及局部坐标系示意图

$$
\begin{cases}
\sigma_{rr} = \dfrac{K_{\mathrm{I}}}{\sqrt{2\pi r}} \cos \dfrac{\theta}{2} \left[1 + \sin^2\left(\dfrac{\theta}{2}\right) \right] + o\left[\dfrac{1}{\sqrt{r}}\right] \\[3mm]
\sigma_{\theta\theta} = \dfrac{K_{\mathrm{I}}}{\sqrt{2\pi r}} \cos^3\left(\dfrac{\theta}{2}\right) + o\left[\dfrac{1}{\sqrt{r}}\right] \\[3mm]
\tau_{r\theta} = \dfrac{K_{\mathrm{I}}}{\sqrt{2\pi r}} \sin \dfrac{\theta}{2} \cos^2\left(\dfrac{\theta}{2}\right)
\end{cases}
\tag{4.2}
$$

裂纹端部位移场如式（4.3）所示，极坐标条件下裂纹尖端位移场如式（4.4）所示。

$$
\begin{cases}
u = \dfrac{K_{\mathrm{I}}}{4\mu} \sqrt{\dfrac{r}{2\pi}} \left[(2k-1)\cos \dfrac{\theta}{2} - \cos \dfrac{3\theta}{2} \right] + o\left[\dfrac{1}{\sqrt{r}}\right] \\[3mm]
v = \dfrac{K_{\mathrm{I}}}{4\mu} \sqrt{\dfrac{r}{2\pi}} \left[(2k+1)\sin \dfrac{\theta}{2} - \sin \dfrac{3\theta}{2} \right] + o\left[\dfrac{1}{\sqrt{r}}\right]
\end{cases}
\tag{4.3}
$$

$$
\begin{cases}
u_r = \dfrac{K_{\mathrm{I}}}{4\mu} \sqrt{\dfrac{r}{2\pi}} \left[(2k-1)\cos \dfrac{\theta}{2} - \cos \dfrac{3\theta}{2} \right] + o\left[\dfrac{1}{\sqrt{r}}\right] \\[3mm]
v_\theta = \dfrac{K_{\mathrm{I}}}{4\mu} \sqrt{\dfrac{r}{2\pi}} \left[(2k+1)\sin \dfrac{\theta}{2} - \sin \dfrac{3\theta}{2} \right] + o\left[\dfrac{1}{\sqrt{r}}\right]
\end{cases}
\tag{4.4}
$$

4.2.1.2　II 型裂纹尖端附近的应力和位移场

含有 II 型裂纹的无限大板的情况（图 4.4），引入以裂纹尖端为原点极坐标体系，也称为裂纹前缘坐标系，通过在裂纹端部利用二项式定理对应力场作泰勒展开，根据弹性力学平面问题求得裂纹尖端应力场和位移场，如式（4.5）和式（4.6）所示。

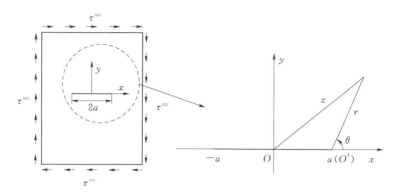

图 4.4 含有Ⅱ型裂纹的无限大板及局部坐标系示意图

$$\begin{cases} \sigma_{xx} = \dfrac{K_{\rm II}}{\sqrt{2\pi r}}\sin\dfrac{\theta}{2}\left(2+\cos\dfrac{\theta}{2}\cos\dfrac{3\theta}{2}\right)+o\left[\dfrac{1}{\sqrt{r}}\right] \\[3mm] \sigma_{yy} = \dfrac{K_{\rm II}}{\sqrt{2\pi r}}\cos\dfrac{\theta}{2}\sin\dfrac{\theta}{2}\cos\dfrac{3\theta}{2}+o\left[\dfrac{1}{\sqrt{r}}\right] \\[3mm] \tau_{xy} = \dfrac{K_{\rm II}}{\sqrt{2\pi r}}\cos\dfrac{\theta}{2}\left(1-\sin\dfrac{\theta}{2}\sin\dfrac{3\theta}{2}\right)+o\left[\dfrac{1}{\sqrt{r}}\right] \end{cases} \tag{4.5}$$

$$\begin{cases} u = \dfrac{K_{\rm II}}{4\mu}\sqrt{\dfrac{r}{2\pi}}\left[(2k+3)\sin\dfrac{\theta}{2}+\sin\dfrac{3\theta}{2}\right]+o\left[\dfrac{1}{\sqrt{r}}\right] \\[3mm] v = -\dfrac{K_{\rm II}}{4\mu}\sqrt{\dfrac{r}{2\pi}}\left[(2k-3)\cos\dfrac{\theta}{2}-\cos\dfrac{3\theta}{2}\right]+o\left[\dfrac{1}{\sqrt{r}}\right] \end{cases} \tag{4.6}$$

式中：$K_{\rm II}=\tau^{\infty}\sqrt{\pi a}$，为Ⅱ型节理裂隙应力强度因子，根据坐标转换可得到极坐标系对应的应力分量、位移分量，分别式（4.7）、式（4.8）所示。

$$\begin{cases} \sigma_{rr} = \dfrac{K_{\rm II}}{\sqrt{2\pi r}}\sin\dfrac{\theta}{2}\left[1-3\sin^2\left(\dfrac{\theta}{2}\right)\right]+o\left[\dfrac{1}{\sqrt{r}}\right] \\[3mm] \sigma_{\theta\theta} = \dfrac{K_{\rm II}}{\sqrt{2\pi r}}\left[-3\sin\dfrac{\theta}{2}\cos^2\left(\dfrac{\theta}{2}\right)\right]+o\left[\dfrac{1}{\sqrt{r}}\right] \\[3mm] \tau_{r\theta} = \dfrac{K_{\rm II}}{\sqrt{2\pi r}}\cos\dfrac{\theta}{2}\left[1-3\sin^2\left(\dfrac{\theta}{2}\right)\right]+o\left[\dfrac{1}{\sqrt{r}}\right] \end{cases} \tag{4.7}$$

$$
\begin{cases}
u_r = \dfrac{K_{\mathrm{I}}}{4\mu}\sqrt{\dfrac{r}{2\pi}}\left[-(2k-1)\sin\dfrac{\theta}{2}+3\sin\dfrac{3\theta}{2}\right]+o\left(\dfrac{1}{\sqrt{r}}\right) \\[3mm]
v_\theta = \dfrac{K_{\mathrm{I}}}{4\mu}\sqrt{\dfrac{r}{2\pi}}\left[-(2k+1)\sin\dfrac{\theta}{2}+3\cos\dfrac{3\theta}{2}\right]+o\left(\dfrac{1}{\sqrt{r}}\right)
\end{cases}
\tag{4.8}
$$

4.2.1.3　Ⅲ型裂纹尖端附近的应力和位移场

含有Ⅲ型裂纹的无限大板的情况（图 4.5），由于本问题不是平面问题，故不能直接应用弹性力学中平面问题的解法，但各物理量均与 z 无关，同样可以转化为二维问题通过在裂纹端部利用二项式定理对应力场作泰勒展开求解，最终求得的裂纹尖端应力场和位移场，如式（4.9）所示。

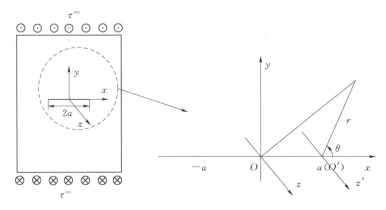

图 4.5　含有Ⅲ型裂纹的无限大板及局部坐标系示意图

$$
\begin{cases}
\tau_{xz} = \dfrac{K_{\mathrm{III}}}{\sqrt{2\pi r}}\sin\dfrac{\theta}{2}+o\left(\dfrac{1}{\sqrt{r}}\right) \\[3mm]
\tau_{yz} = \dfrac{K_{\mathrm{III}}}{\sqrt{2\pi r}}\cos\dfrac{\theta}{2}+o\left(\dfrac{1}{\sqrt{r}}\right) \\[3mm]
w = \dfrac{K_{\mathrm{III}}}{\mu}\sqrt{\dfrac{r}{2\pi}}\sin\dfrac{\theta}{2}+o\left(\dfrac{1}{\sqrt{r}}\right)
\end{cases}
\tag{4.9}
$$

4.2.2　断裂韧性

从 4.2.1 节中可知，对于每一类裂纹端部应力场的大小取决于应力强度应力 K_{I}、K_{II}、K_{III}，因此，通过确定应力强度因子就可以获得裂纹尖端应力分布规律。由于裂纹尖端应力场奇异性，应力强度因子只有 $r/a\ll1$ 时才适用，即式（4.10）。

$$\begin{cases} K_{\text{I}} = \lim_{r \to 0} [\sigma_{yy}(\theta = 0)] \sqrt{2\pi r} \\ K_{\text{II}} = \lim_{r \to 0} [\tau_{xy}(\theta = 0)] \sqrt{2\pi r} \\ K_{\text{III}} = \lim_{r \to 0} [\tau_{yz}(\theta = 0)] \sqrt{2\pi r} \end{cases} \tag{4.10}$$

材料中裂纹开始扩展时的临界应力强度因子，称为材料的断裂韧度，用符号 K_{IC} 表示。断裂韧度是材料本身特性，可以通过试验直接测得，如式（4.11）所示。

$$K_{\text{IC}} = \sigma_c \sqrt{aY} \tag{4.11}$$

式中：σ_c 为断裂应力；a 为裂纹长度；Y 为材料应力加载常数。

4.2.3　裂纹扩展准则及扩展方向的确定

当裂纹只含有一种类型时，采用单一裂纹判据，即将应力强度因子（K_{I}、K_{II} 或 K_{III}）与断裂韧度进行比较，如果应力强度因子大于或等于断裂韧度 K_{IC}，裂纹发生破坏；如果强度因子小于 K_{IC}，则不发生破坏或者裂纹扩展结束。

当裂纹为复合型裂纹时（针对二维问题，为 Ⅰ 型和 Ⅱ 型的复合），通过最大周向应力准则确定扩展角和扩展方向。

最大周向应力准则满足两个基本假定：①裂纹开裂方向为轴向正应力最大的方向；②周向最大应力达到临界值时，裂纹开始扩展。

根据最大轴向应力原理，裂纹扩展准则如式（4.12）所示。

$$K_{\text{I}} \sin\theta + K_{\text{II}}(3\cos\theta - 1) = 0 \tag{4.12}$$

根据式（4.12），$K_{\text{II}} \neq 0$ 时可以求得裂纹扩展方向，如式（4.13）所示。

$$\theta = 2\arctan \frac{\left[1 \pm \sqrt{1 + 8\left(\dfrac{K_{\text{II}}}{K_{\text{I}}}\right)^2} \right]}{4\dfrac{K_{\text{II}}}{K_{\text{I}}}} \tag{4.13}$$

4.3　应力强度因子求解方法

应力强度因子的计算是节理岩体破坏过程模拟中的一项关键技术，可采用围线积分法求解节理尖端应力强度因子，本节分别从围线积分法、裂纹尖端辅助应力场位移场和算例验证三个方面介绍应力强度因子求解方法。

4.3.1　围线积分法求解节理尖端应力强度因子

围线积分法定义一条远离裂纹尖端且围绕裂纹尖端按逆时针方向的围线，构建一个辅助应力场和位移场，通过围线积分和 Bett 功互等定理求解出应力强度因子 K_{I}、K_{II}。围线公式见式（4.14），围线积分法示意如图 4.6 所示。

$$\Gamma = \Gamma_1 + \Gamma_2 + \Gamma^- + \Gamma^+ \tag{4.14}$$

在各向同性弹性体中，不计体积力条件下 Bett 功互等定理如式（4.15）所示。

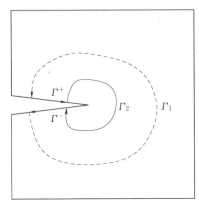

$$\oint_{\Gamma}(u_{1i}t_{2i} - u_{2i}t_{1i})\mathrm{d}s = 0 \tag{4.15}$$

式中：u_{1i}、t_{1i} 为平衡状态下积分点的位移和作用力；u_{2i}、t_{2i} 为平衡状态下辅助场在积分点位置的位移和作用力。

图 4.6　围线积分法示意图

令 $T = u_{1i}t_{2i} - u_{2i}t_{1i}$，由于裂纹面 Γ^-、Γ^+ 为自由面，式（4.15）可以简化为

$$\oint_{\Gamma_1}T\mathrm{d}s + \oint_{\Gamma_2}T\mathrm{d}s = 0 \tag{4.16}$$

当辅助位移场和应力场合适时，可根据式（4.17）直接求得应力强度因子 K_{I}、K_{II}。由于该方法只需要知道远离裂纹尖端 Γ_1、Γ_2 处的应力和位移，就可以求出裂纹尖端的应力强度因子，适用于任何几何形状的裂纹，且计算效率和计算精度均较高，是目前裂纹扩展模拟中较为常用的应力强度因子计算方法。

4.3.2　围线积分辅助应力场和位移场

如前所述，围线积分辅助应力场和位移场是影响强度因子的主要因素之一，本章采用杨晓翔等[152]在 Muskhelishvili[153]提出的两个复变函数的基础上建立了裂纹尖端辅助应力场和位移场。

Muskhelishvili[153]通过 $\varphi(z)$、$\psi(z)$ 两个复变函数求解平面问题。通过复变函数表示的应力和位移分量如式（4.17）所示。

$$\begin{cases} \sigma_{xx} + \sigma_{yy} = 2[\varphi'(z) + \overline{\varphi'(z)}] \\ \sigma_{xx} - i\tau_{xy} = \varphi'(z) + \overline{\varphi'(z)} - [z\overline{\varphi''(z)} + \overline{\psi'(z)}] \\ 2G(u + iv) = k\varphi(z) - z\overline{\varphi'(z)} - \overline{\psi(z)} \end{cases} \quad (4.17)$$

式中：G 为剪切模量，k 根据式（4.18）进行计算。

$$\begin{cases} k = \dfrac{3-\mu}{1+\mu}, & \text{平面应力问题} \\ k = 3 - 4\mu, & \text{平面应力问题} \end{cases} \quad (4.18)$$

复变函数 $\varphi(z)$、$\psi(z)$ 在含半无限裂纹的平面问题中可以通过式（4.19）表示。

$$\begin{cases} \varphi(z) = \dfrac{2}{\sqrt{z}} \sum_{i=1}^{\infty} \left(n + \dfrac{1}{2}\right) \overline{E}^{(n)} z^{(n)} \\ \psi(z) = \dfrac{2}{\sqrt{z}} \sum_{i=1}^{\infty} \left(n + \dfrac{1}{2}\right) \left[E^{(n)} - \left(n - \dfrac{1}{2}\right)\overline{E}^{(n)}\right] z^{(n)} \end{cases} \quad (4.19)$$

式中：$E^{(n)}$ 和 $\overline{E}^{(n)}$ 为待定复系数，令 $n=1$，$K_{\text{I}} - iK_{\text{II}} = 2\sqrt{2\pi} \lim_{x \to 0} \sqrt{z}\, \varphi'(z)$，将式（4.19）、式（4.18）代入式（4.17）即为平面弹性体裂纹尖端应力和位移场。

同样，取 $n=0$，令 $C_{\text{I}} - iC_{\text{II}} = 2\sqrt{2\pi} \lim_{x \to 0} \sqrt{z^3}\, \varphi'(z)$ 将式（4.19）、式（4.18）代入式（4.17）即可推导得到围线积分辅助应力场和位移场，表达式如式（4.20）所示。

$$\begin{cases} \sigma_{2xx} = \dfrac{1}{\sqrt{2\pi r^3}} \left[\left(\cos\dfrac{3\theta}{2} - \dfrac{3}{2}\sin\theta\sin\dfrac{5\theta}{2} \right) C_{\text{I}} + \left(-2\sin\dfrac{3\theta}{2} - \dfrac{3}{2}\sin\theta\cos\dfrac{5\theta}{2} \right) C_{\text{II}} \right] \\ \sigma_{2yy} = \dfrac{1}{\sqrt{2\pi r^3}} \left[\left(\cos\dfrac{3\theta}{2} + \dfrac{3}{2}\sin\theta\sin\dfrac{5\theta}{2} \right) C_{\text{I}} + \dfrac{3}{2}\sin\theta\cos\dfrac{5\theta}{2} C_{\text{II}} \right] \\ \tau_{2xy} = \dfrac{1}{\sqrt{2\pi r^3}} \left[\dfrac{3}{2}\sin\theta\cos\dfrac{5\theta}{2} C_{\text{I}} + \left(\cos\dfrac{3\theta}{2} - \dfrac{3}{2}\sin\theta\sin\dfrac{5\theta}{2} \right) C_{\text{II}} \right] \\ u = \dfrac{1}{2G\sqrt{2\pi r^3}} \left\{ \left[(1-k)\cos\dfrac{\theta}{2} + \sin\theta\sin\dfrac{3\theta}{2} \right] C_{\text{I}} + \left[(1+k)\sin\dfrac{\theta}{2} + \sin\theta\cos\dfrac{3\theta}{2} \right] C_{\text{II}} \right\} \\ v = \dfrac{1}{2G\sqrt{2\pi r^3}} \left\{ \left[(1+k)\sin\dfrac{\theta}{2} - \sin\theta\sin\dfrac{3\theta}{2} \right] C_{\text{I}} + \left[(k-1)\cos\dfrac{\theta}{2} + \sin\theta\sin\dfrac{3\theta}{2} \right] C_{\text{II}} \right\} \end{cases}$$

$$(4.20)$$

通过一系列推导过程可以得到裂纹尖端附近围线（Γ_2）与应力强度因子之间的表达式（4.21），具体过程见文献 [152]。

$$-\int_{\Gamma_2} T \mathrm{d}s = \frac{k+1}{2G}(K_{\mathrm{I}} C_{\mathrm{I}} + K_{\mathrm{II}} C_{\mathrm{II}}) \tag{4.21}$$

由式（4.20）可知，裂纹尖端远场围线（Γ_1）最终可表达为 C_{I}、C_{II} 的线性表达式（4.22）。

$$\int_{\Gamma_2} T \mathrm{d}s = m_{\mathrm{I}} C_{\mathrm{I}} + m_{\mathrm{II}} C_{\mathrm{II}} \tag{4.22}$$

式（4.22）中 m_{I}、m_{II} 通过积分直接求得，将式（4.21）、式（4.22）代入式（4.16），即可求得应力强度因子 K_{I}、K_{II}。

4.3.3　围线积分法求解节理尖端应力强度因子算例验证

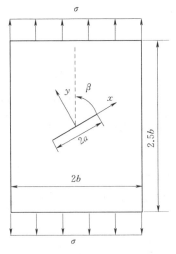

图 4.7　含斜裂纹的矩形板

为验证围线积分法求解应力强度因子的准确性，及第 3.4.3 节虚拟节理技术对应力强度因子计算的影响，通过含斜裂纹的矩形板进行验证分析。

含斜裂纹的矩形板计算模型如图 4.7 所示，计算参数见表 4.1，中国航空院[154]主编的应力强度因子手册给出了模型应力强度因子的计算方法，计算公式见式（4.23）。

$$\begin{cases} K_{\mathrm{I}} = F_{\mathrm{I}} \sigma \sqrt{\pi a} \\ K_{\mathrm{II}} = F_{\mathrm{II}} \sigma \sqrt{\pi a} \end{cases} \tag{4.23}$$

式（4.23）中 F_{I}、F_{II} 可通过图 4.8 获得。

表 4.1　计 算 模 型 参 数 表

几何参数/mm			材料变形参数		法向应力
宽/2b	高/2.5b	裂纹宽度/2a	弹模 E/GPa	泊松比 μ	σ/MPa
100	125	30	10.0	0.20	1.0

采用数值流形法计算不同 β 值条件下，有限宽板中心裂纹受无限远分布荷载作用对应的应力强度因子。为验证第 3.4.3 节中虚拟节理技术的有效性和合理性，建立了两类数值流形法计算模型：一类为不进行处理的数值流形法模型（以后简称模型 I）；另一类为通过虚拟节理技术处理的数值流形法模型（以后简称模型 II）。当 β 分别为 0° 时数值流形法计算模型如图 4.9 所示，计算结果如表 4.2 和图 4.10 所示。由表 4.2 和图 4.10 可知：

（1）裂纹长度为应力强度因子的主要控制因素之一，模型 I 对节理尖

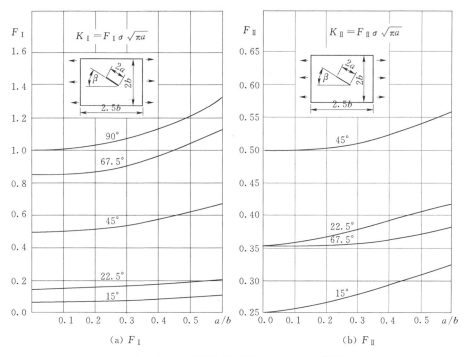

图 4.8 含斜裂纹的矩形板 F_{I}、F_{II}图[154]

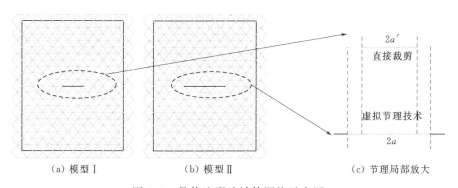

(a) 模型 I   (b) 模型 II   (c) 节理局部放大

图 4.9 数值流形法计算网格示意图

端进行裁剪，导致节理程度发生变化，裁剪导致的几何误差达到 30%。

（2）分别按模型 I 节理长度 $2a'$ 和模型 II 节理长度 $2a$ 计算得到节理尖端理论应力强度因子 $K'_{\text{I理}}$、$K'_{\text{II理}}$ 和 $K_{\text{I理}}$、$K_{\text{II理}}$，理论解与实际计算得到的应力强度因子具有较高一致性，最大误差不超过 5%，本章采用的围线积分法求解节理尖端应力强度因子的方法是可行的。

（3）对比模型 I、模型 II 应力强度因子计算结果可知，由于块体搜索过程中节理长度发生变化，导致应力强度因子变化超过 60％，因此通过虚拟节理技术保证节理长度的精确是必要的。

表 4.2　　　　　　　　　　　　　验 证 结 果 统 计 表

项 目		β					
		0°	15°	22.5°	45°	67.5°	90°
模型Ⅰ节理长度 $2a'$/mm		20.00	17.93	17.47	17.93	18.75	17.32
a'/b		0.20	0.18	0.17	0.18	0.19	0.17
a/b		0.30	0.30	0.30	0.30	0.30	0.30
理论解	按 $2a'$ 查得 $F'_{\rm I}$	0	0.072	0.161	0.512	0.869	1.021
	$K'_{\rm I 理}$/(MPa・$m^{0.5}$)	0	0.017	0.038	0.122	0.211	0.238
	按 $2a'$ 查得 $F'_{\rm II}$	0	0.027	0.229	0.504	0.209	0
	$K'_{\rm II 理}$/(MPa・$m^{0.5}$)	0	0.006	0.054	0.120	0.051	0
	按 $2a$ 查得 $F_{\rm I}$	0	0.080	0.172	0.540	0.905	1.070
	$K_{\rm I 理}$/(MPa・$m^{0.5}$)	0	0.025	0.053	0.166	0.278	0.328
	按 $2a$ 查得 $F_{\rm II}$	0	0.057	0.254	0.519	0.212	0
	$K_{\rm II 理}$/(MPa・$m^{0.5}$)	0	0.017	0.078	0.159	0.065	0
模型Ⅰ	$K_{\rm I}$/(MPa・$m^{0.5}$)	0	0.017	0.037	0.121	0.208	0.236
	误差1：$(K_{\rm I}-K'_{\rm I 理})/K'_{\rm I 理}\times100$/%	0	−1.11	−1.21	−0.28	−1.32	−0.89
	误差2：$(K_{\rm I}-K_{\rm I 理})/K_{\rm I 理}\times100$/%	0	−78.8	−78.3	−77.6	−77.0	−77.9
	$K_{\rm II}$/(MPa・$m^{0.5}$)	0	0.017	0.077	0.156	0.064	0
	误差1：$(K_{\rm II}-K'_{\rm II 理})/K'_{\rm II 理}\times100$/%	0	−0.81	−1.35	−4.11	−1.21	−1.32
	误差2：$(K_{\rm II}-K_{\rm II 理})/K_{\rm II 理}\times100$/%	0	−69.55	−69.71	−69.95	−69.67	0
模型Ⅱ	$K_{\rm I}$/(MPa・$m^{0.5}$)	0	0.024	0.052	0.164	0.277	0.324
	误差：$(K_{\rm I}-K_{\rm I 理})/K_{\rm I 理}\times100$/%	−1.18	−1.65	−1.01	−0.87	−0.22	−1.45
	$K_{\rm II}$/(MPa・$m^{0.5}$)	0	0.017	0.077	0.158	0.064	0
	误差：$(K_{\rm II}-K_{\rm II 理})/K_{\rm II 理}\times100$/%	−2.03	−1.74	−0.98	−0.87	−1.25	−1.34

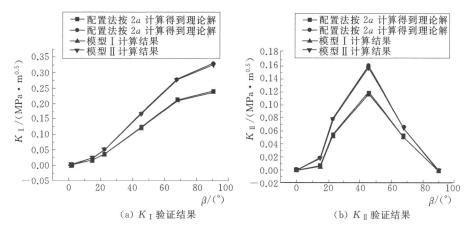

（a）K_{I} 验证结果　　　　　　（b）K_{II} 验证结果

图 4.10　含斜裂纹的矩形板验证结果

4.4　破坏准则和数学单元、物理单元重构

4.4.1　破坏准则及破坏方向的确定

通过围线积分法求解节理尖端应力强度因子，然后通过最大周向应力原理给出节理尖端裂纹扩展的破坏准则和破坏方向（见 4.2.3 节）。由于围线积分法构造的辅助位移场和应力场是针对单一裂纹的，无法考虑多裂纹尖端应力场的相互影响。大量文献[33,44,47,65,74]和本次室内模型试验结果表明节理尖端相互影响可能决定节理岩体最终的破坏形态。同时，在没有节理的条件下无结构面岩体也可能发生破坏。因此，本研究通过定义岩体和节理尖端破坏准则，对节理岩体破坏过程进行模拟。

根据带抗拉强度的莫尔-库仑准则确定岩体的破坏准则和破坏方向。带抗拉强度的莫尔-库仑准则通过三个参数定义，分别为黏聚力 c、内摩擦角 φ 和抗拉强度 σ_t。带抗拉强度的莫尔-库仑准则的 $\sigma_n - \tau$ 平面和 $\sigma_1 - \sigma_3$ 平面如图 4.11 所示。

定义 σ_{3c} 为岩体破坏由抗拉破坏转化为压剪破坏的临界值，则 σ_{3c} 可以通过式（4.24）求得。

$$\sigma_{3c} = 2c\tan\left(\frac{\pi}{4}+\frac{\varphi}{2}\right) + \sigma_t\tan^2\left(\frac{\pi}{4}+\frac{\varphi}{2}\right) \tag{4.24}$$

根据莫尔-库仑准则，当 $\sigma_3 \geqslant \sigma_{3c}$ 时，岩体为拉伸破坏，此时破坏判据为式（4.25），该破坏模式沿着垂直拉应力方向破坏。

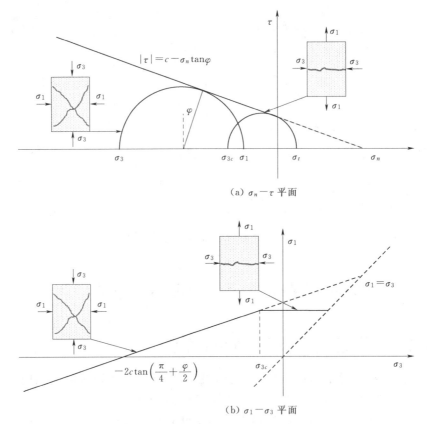

（a）$\sigma_n-\tau$ 平面

（b）$\sigma_1-\sigma_3$ 平面

图 4.11　带抗拉强度的莫尔-库仑准则的 $\sigma_n-\tau$ 平面和 $\sigma_1-\sigma_3$ 平面示意图

$$\sigma_1 \geqslant \sigma_t \tag{4.25}$$

当 $\sigma_3 < \sigma_{3c}$ 时，岩体为剪切破坏，此时破坏判据为式（4.26），该破坏
模式破坏方向与大主应力的夹角为 $\pm\left(\dfrac{\pi}{4}+\dfrac{\varphi}{2}\right)$。

$$\sigma_3 \leqslant -2c\tan\left(\frac{\pi}{4}+\frac{\varphi}{2}\right)+\sigma_1\tan^2\left(\frac{\pi}{4}+\frac{\varphi}{2}\right) \tag{4.26}$$

4.4.2　节理岩体破坏过程中数学单元、物理单元重构

与其他数值计算方法相比，数值流形法两套单元（数学单元、物理单
元）的使用，使其在裂纹扩展中数学单元和物理单元重构变得非常简单。

裂纹扩展过程中数学单元与物理单元重构步骤如下：

（1）裂纹发生扩展破坏时，每步扩展 1 个物理单元，物理单元破坏后
变为两个物理单元。本书采用虚拟节理技术保留了被裁剪部分节理，保证

了节理在模拟过程中的几何精度，裂纹扩展模拟中对包含虚拟节理和不包含虚拟节理的物理单元破坏进行分别处理。

当物理单元包含虚拟节理时，如果扩展裂纹与虚拟裂纹相同，则将虚拟节理转变为扩展节理；如果扩展裂纹与虚拟裂纹在数学单元的同一条边上，直接改变虚拟节理端点坐标，将虚拟节理转变为扩展节理，并按新的坐标计算与数学单元相关的物理单元单元应力和节点位移，如图 4.12 所示；其他情况按不包含虚拟裂纹情况处理。

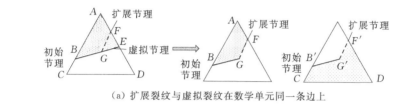

(a) 扩展裂纹与虚拟裂纹在数学单元同一条边上

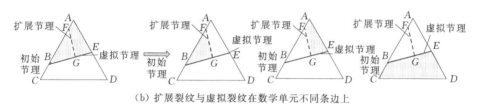

(b) 扩展裂纹与虚拟裂纹在数学单元不同条边上

图 4.12　包含虚拟节理的物理单元扩展处理

当物理单元不包含虚拟节理时，改变原有物理单元几何属性，并新增加一个物理单元。几种典型单元破坏如图 4.13 所示。

（2）找到物理单元对应的数学单元 j，通过数学单元 j 确定与其相关的数学覆盖 v_1、v_2、v_3。

（3）分别对 v_1、v_2、v_3 中物理单元进行节理连通性判断，如果存在连通的节理则增加一个数学覆盖。

需要指出的是，当单节理破坏扩展时，如果节理从数学单元边界开始破坏只需对与数学单元边界对应的两个数学覆盖进行连通性判断（图4.14）；如果节理从数学单元顶点开发破坏只需对顶点所对应的 1 个数学覆盖进行连通性判断；当多节理破坏时，考虑节理间的贯通，需要对 3 个数学覆盖进行连通性判断。因此，即使多节理扩展情况下，裂纹扩展最多增加 3 个数学覆盖。

（4）对新生成的物理单元重新进行应力和位移求解，考虑质量守恒，新生成的数学覆盖中的所有几何和物理力学信息与初始覆盖相同。根据贯

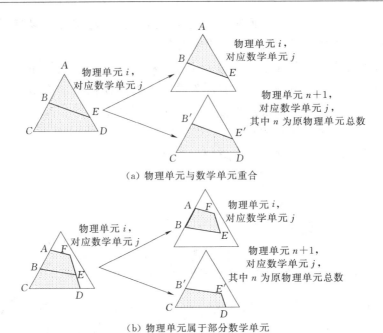

(a) 物理单元与数学单元重合

(b) 物理单元属于部分数学单元

图 4.13　典型物理单元破坏形式

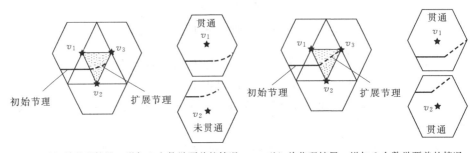

(a) 单节理扩展，增加 1 个数学覆盖的情况　　(b) 单节理扩展，增加 2 个数学覆盖的情况

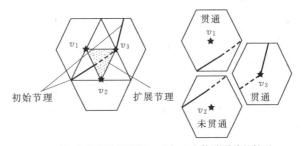

(c) 多节理扩展破坏，增加 3 个数学覆盖的情况

图 4.14　几种典型情况的数学单元连通性判断

通性原则重新建立裂纹尖端附近的物理单元、数学单元与数学覆盖之间的关系，并将新生成的物理单元和数学覆盖加入计算模型。

4.5 节理岩体破坏过程模拟程序验证

根据上述节理、岩桥破坏扩展准则和数学单元、物理单元重构方法，开发节理岩体变形、破坏、扩展演化全过程数值仿真程序。通过几个典型算例和第 2 章室内试验结果对程序进行验证。

4.5.1 单轴压缩、巴西圆盘劈裂试验验证

单轴压缩试验是最常见的节理岩破坏过程研究手段，研究成果相对较多。Einstein 等[32]、Reyes 等[33]、Shen 等[34,36]、Shen[35,37]、Chau 等[38-39]、Chau 等[40]、Wong 等[41-42]、Wong 等[43]、张波等[46-47]等均采用单轴压缩试验研究节理岩体的破坏过程。虽然节理破坏、相互贯通等发生机制和破坏机理仍存在许多争议，但上述研究成果中典型结构面分布情况的破坏形式是一致的。因此本小节通过典型结构面分布形式的数值模型验证程序的合理性。

Shen[35]总结了图 4.15（a）模型的几种不同 β 值的节理破坏模式，如图 4.15（a）、（c）、（d）所示。

验证算例几何尺寸的基本参数见表 4.3，通过对岩桥倾角 β 分别为 45°、90°和 120°三种模型进行模拟分析，岩体断裂韧度 $K_{Ic} = 0.65 \mathrm{MPa} \cdot \mathrm{m}^{0.5}$。

表 4.3 验证算例几何尺寸的基本参数

几 何 信 息				变形强度参数			
				岩 体		结 构 面	
长度 $2d/\mathrm{mm}$	宽度 d/mm	节理长度 a/mm	节理倾角 $\alpha/(°)$	弹模 E/GPa	泊松比 μ	内摩擦角 $\varphi/(°)$	凝聚力 c/MPa
200	100	28.2	45	10	0.2	30.8	0.56

当岩桥倾角 β 分别为 45°、90°和 120°时，三种模型的计算结果如图 4.16～图 4.18 所示，计算结果与 Shen[35]典型破坏形式的对比如图 4.19 所示。从图 4.16 至图 4.19 可以看出，本次开发的节理岩体破坏过程模拟程序能够很好地模拟节理岩体单轴试验典型破坏模式：

（1）当 $\beta = 45°$时，在两条节理尖端首先产生近竖直方向的翼型裂纹；

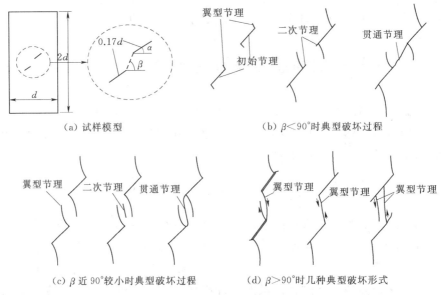

（a）试样模型　　　　　　　　　　（b）β＜90°时典型破坏过程

（c）β近90°较小时典型破坏过程　　　　（d）β＞90°时几种典型破坏形式

图 4.15　单轴压缩典型破坏模式

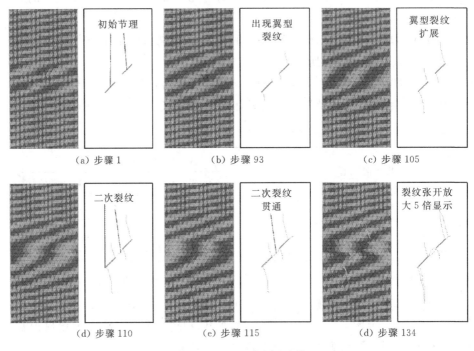

（a）步骤 1　　　　　　　　（b）步骤 93　　　　　　　　（c）步骤 105

（d）步骤 110　　　　　　　（e）步骤 115　　　　　　　（d）步骤 134

图 4.16　β＝45°破坏过程

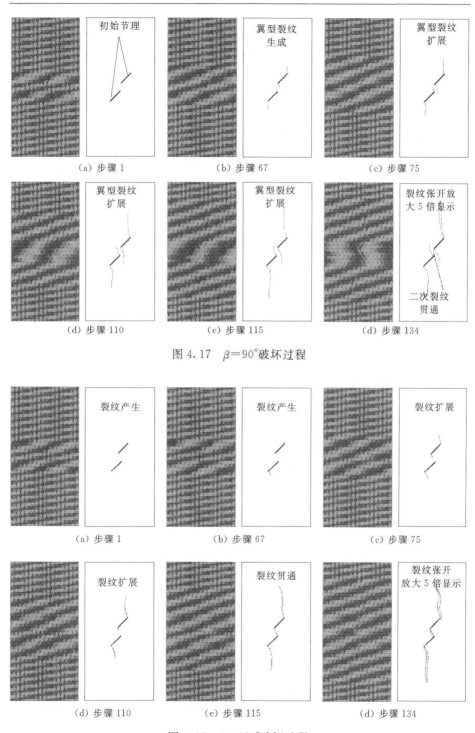

（a）步骤 1　　　　　（b）步骤 67　　　　　（c）步骤 75

（d）步骤 110　　　　（e）步骤 115　　　　（d）步骤 134

图 4.17　$\beta=90°$破坏过程

（a）步骤 1　　　　　（b）步骤 67　　　　　（c）步骤 75

（d）步骤 110　　　　（e）步骤 115　　　　（d）步骤 134

图 4.18　$\beta=120°$破坏过程

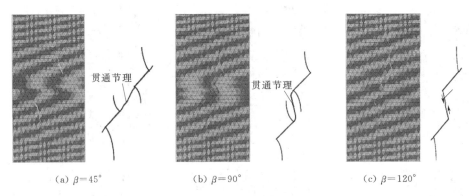

(a) $\beta=45°$　　　　　　(b) $\beta=90°$　　　　　　(c) $\beta=120°$

图 4.19　最终破坏形态与典型破坏形式对比

然后翼型裂纹逐渐扩展，并产生沿节理方向的二次剪切裂纹；二次剪切裂纹扩展直至贯通，形成最终节理岩桥搭接的破坏模式。

（2）当 $\beta=90°$ 时，在两条节理尖端首先产生近竖直方向的翼型裂纹；岩桥附近翼型裂纹逐渐扩展直至贯通，形成类似"鱼眼"的节理岩桥最终搭接破坏模式。

（3）当 $\beta=120°$ 时，两条节理尖端产生近竖直方向的翼型裂纹并相互贯通形成最终破坏形态。

4.5.2　节理岩体破坏过程物理试验验证

模拟室内直剪试验的环境，进行数值仿真模拟试验。数值仿真试验模型及直剪试验的加载方式如图 4.20 所示。

4.5.2.1　无结构面岩体破坏过程模拟研究

法向应力为 0.5MPa 条件下，数值仿真试验得到无结构面岩体的破坏过程如图 4.21 所示，数值仿真试验与室内直剪试验得到的岩石破坏结果的对比如图 4.22 所示。数值试验模拟的无结构面岩体破坏过程为：

（1）岩体的中部产生与水平方向有一定角度的张拉节理。

（2）剪切的起始位置出现张拉裂纹。

（3）起始位置张拉裂纹与试样中部的节理贯通。

（4）最后形成压剪裂纹。

整体而言破坏过程与室内物理试验结果基本一致，且几何相似性也较高。由于加载过程中，左侧水平荷载不能完全作用在剪切面上，存在一定的偏心力，使得试样应力分布不均匀，导致最终试样破坏形式不对称。

法向应力为 1.0MPa、1.5MPa、2.0MPa 和 2.5MPa 条件下，数值仿

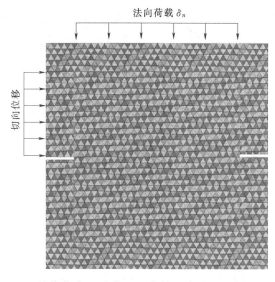

图 4.20 数值仿真试验模型及直剪试验的加载方式示意图

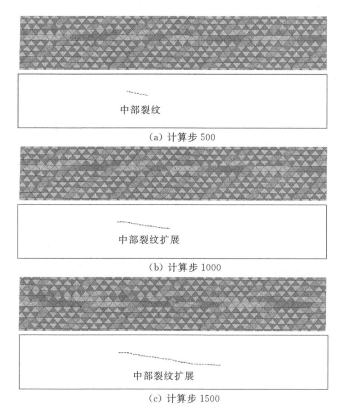

（a）计算步 500

（b）计算步 1000

（c）计算步 1500

图 4.21（一） 无结构面岩体破坏过程

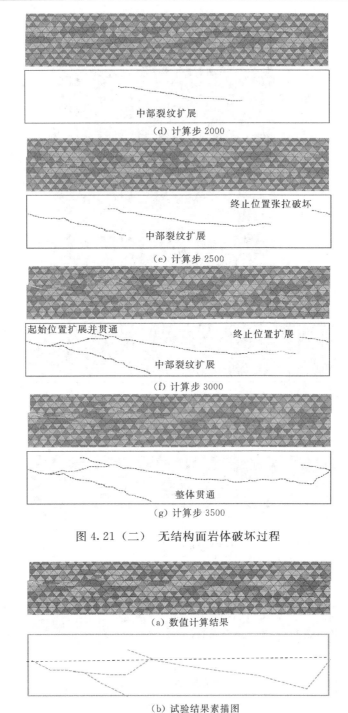

（d）计算步 2000

（e）计算步 2500

（f）计算步 3000

（g）计算步 3500

图 4.21（二）　无结构面岩体破坏过程

（a）数值计算结果

（b）试验结果素描图

图 4.22　无结构面岩体数值仿真试验与室内直剪试验结果对比

真试验得到的无结构面岩体的破坏模式基本一致，裂纹贯通的位置略有不同。

4.5.2.2 典型结构面分布形式的节理岩体破坏过程模拟研究

法向应力为 1.0MPa 条件下，Ⅰ型结构面变形、破坏、扩展演化过程数值仿真试验如图 4.23 所示。Ⅰ型节理岩体破坏过程为：

（1）两条节理之间的岩桥首先发生破坏，节理 1 并逐渐向节理 2 扩展直至贯通。

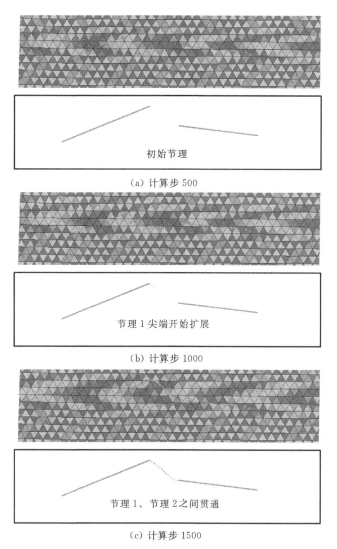

初始节理

（a）计算步 500

节理 1 尖端开始扩展

（b）计算步 1000

节理 1、节理 2 之间贯通

（c）计算步 1500

图 4.23（一） 法向应力为 1.0MPa 条件下，Ⅰ型结构面变形、破坏、扩展演化过程数值仿真试验结果

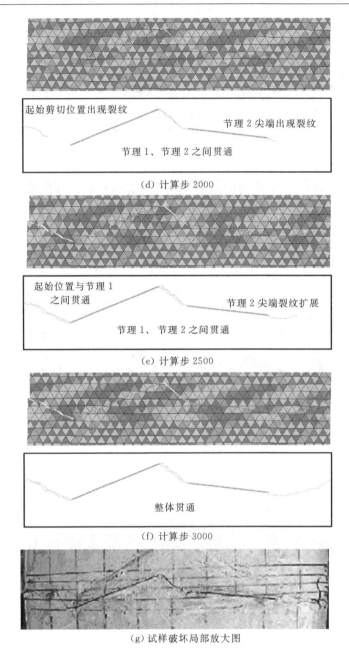

（d）计算步 2000

（e）计算步 2500

（f）计算步 3000

（g）试样破坏局部放大图

图 4.23（二）　法向应力为 1.0MPa 条件下，Ⅰ型结构面变形、破坏、
扩展演化过程数值仿真试验结果

（2）剪切的起始位置出现张拉节理并逐渐向节理 1 扩展形成贯通结构面。

（3）节理2逐渐向剪切面终点扩展逐渐形成最终贯通破坏路径。由于数值试验模拟的材料是绝对均一的，因此岩桥的破坏路径比试验结果平滑。整体而言破坏过程与室内物理试验结果基本一致，几何相似性也较高。

法向应力为1.0MPa、1.5MPa、2.0MPa和2.5MPa条件下，数值仿真试验得到的节理岩体的破坏模式基本一致，节理控制岩体的破坏路径。

与2.3.2节对应，Ⅱ、Ⅲ、Ⅳ、Ⅴ型节理岩体数值仿真试验结果与室内试验破坏结果的对比如图4.24所示。从图4.24中信息可知，节理的分布形式决定节理岩体的破坏形式；本次开发的数值仿真程序能够模拟节理岩体变形、破坏、扩展演化的全过程。

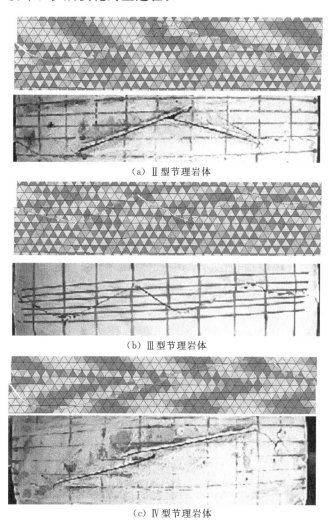

(a) Ⅱ型节理岩体

(b) Ⅲ型节理岩体

(c) Ⅳ型节理岩体

图4.24（一） 数值仿真试验结果与室内直剪试验破坏结果的对比

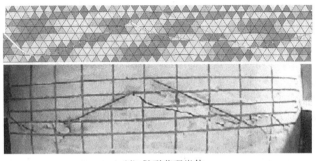

(d) V 型节理岩体

图 4.24（二）　数值仿真试验结果与室内直剪试验破坏结果的对比

4.6　本章小结

在室内试验的基础上，引入断裂力学中裂纹尖端应力强度因子的概念，采用数值流形法开发节理岩体变形、破坏、扩展演化全过程数值仿真程序，为后续基于数值试验的节理岩体工程力学参数确定提供基础条件，主要结论如下：

（1）引入断裂力学应力强度因子的概念，采用围线积分法计算裂纹尖端应力强度因子并进行算例验证。验证结果表明：裂纹长度是计算应力强度因子的重要指标，通过虚拟节理技术保证节理几何精度是必要的；围线积分法计算得到的应力强度因子与理论解误差很小（不超过 5%），可以用于节理岩体破坏过程模拟。

（2）结合无结构面岩体破坏准则来实现多节理岩体中岩桥搭接破坏过程的模拟，基于数值流形法两套单元的基本概念，解决了节理岩体破坏过程中数学单元、物理单元的重构及应力传递问题，开发了节理岩体变形、破坏、扩展演化全过程的模拟程序。

（3）将含预制裂纹的单轴压缩试验和本次的典型结构面分布形式的节理岩体的直剪试验进行对比验证。验证结果表明：节理岩体变形、破坏、扩展演化全过程的模拟程序结果与试验结果具有很好的几何一致性，能够模拟节理岩体变形、破坏、扩展演化的全过程。

第5章 基于数值仿真试验的节理岩体工程力学特性研究

5.1 引言

在岩石工程中，节理岩体的工程力学特性参数确定是十分重要的，制约着工程的设计和施工以及运行等方面的重大决策，也是岩土工程勘察的中心任务[1]。受结构效应的影响，对于由大量呈随机分布的Ⅳ、Ⅴ级结构面组成的节理岩体的工程力学特性参数是很难通过室内试验直接取得的。即使是现场试验，试件尺寸也难以满足研究工作的要求且费用十分昂贵。现阶段节理岩体的工程力学特性参数的确定主要依赖于经验方法（如工程地质评分法、工程类比法等），缺少科学定量的手段和依据。

本章提出了通过物理试验方法和数值模型试验方法综合确定岩体的工程力学特性参数的方法体系。其基本步骤如下：

（1）在野外结构面实测资料基础上，应用网络模拟技术在计算机中再现与现场具有相同统计特征的"岩体结构"。

（2）在结构面网络模拟结果中截取试样，将通过室内试验确定的节理岩体中岩块和结构面工程力学特性参数作为基本输入参数，进行数值试验。

（3）通过数值模型试验确定节理岩体在一定应力水平下的应力-应变全过程曲线，进而确定节理岩体工程力学特性参数。

（4）在大量的数值模型试验基础上，求得相应的统计指标。

本章内容是项目前期研究成果的集成、总结和应用，主要研究内容和技术路线如图5.1所示。

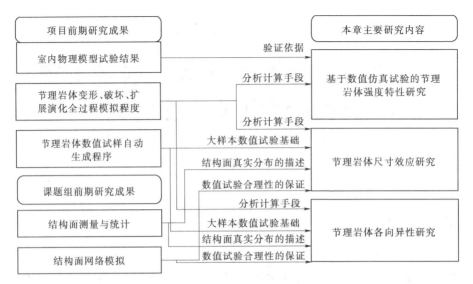

图 5.1　技术路线图

5.2　基于数值仿真试验的节理岩体工程力学特性

5.2.1　数值仿真试验强度特性的物理试验验证

在 4.5.2.3 节对数值仿真计算得到的破坏过程和破坏模式与室内试验结果进行了对比，对比结果表明数值仿真计算程序能够很好地模拟节理岩体的破坏过程和最终破坏形态，为基于数值仿真试验的节理岩体的强度特性的研究奠定了良好的基础。

在数值仿真试验过程中通过监测剪切盒与位移边界位置的约束反力来确定数值仿真试验过程中切向应力的变化情况。并将该情况与本节归纳总结的典型应力-应变曲线进行对比分析对比结果如图 5.2 所示。

从图 5.2 中可以看出：

（1）数值仿真程序记录的应力-应变曲线与实测曲线结果有一定差异，差异主要表现为两个方面：一方面数值试样材料是完全线弹性材料，应力-应变曲线没有前期的压密阶段而直接进入线弹性阶段（应力-应变曲线阶段划分可参考图 2.8）；另一方面由于数值仿真程序没有定义裂纹扩展速度，通过应力强度因子与断裂韧度对比判断节理是否扩展，每次裂纹扩展破坏 1 个物理单元。进入裂纹扩展阶段后应力-应变曲线均表现为屈服型；

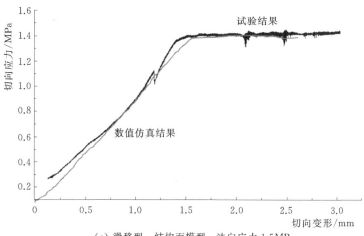

（a）滑移型，结构面模型，法向应力 1.5MPa

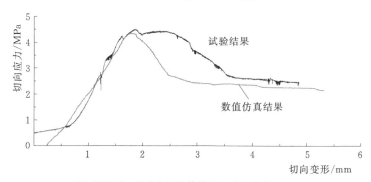

（b）屈服型，无结构面岩体模型，法向应力 2.5MPa

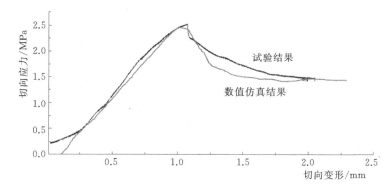

（c）剪断型，Ⅰ型节理岩体，法向应力 1.0MPa

图 5.2（一）　典型应力-应变曲线的室内直剪试验和数值仿真试验结果对比

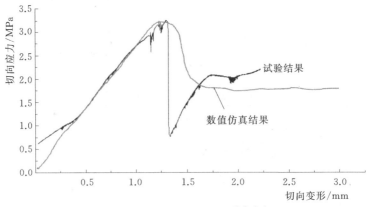

（d）脆断型，Ⅲ型节理岩体，法向应力 2.5MPa

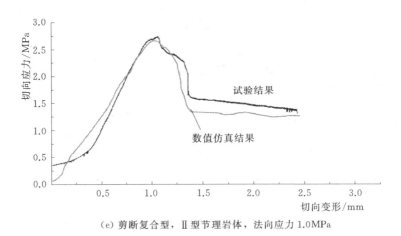

（e）剪断复合型，Ⅱ型节理岩体，法向应力 1.0MPa

图 5.2（二）　典型应力-应变曲线的室内直剪试验和数值仿真试验结果对比

整体而言，数值仿真模拟程序得到的应力-变形曲线与滑移型的曲线符合程度最高，屈服型次之，其他三种类型程度更低。

（2）数值仿真计算程序得到的岩体峰值强度和残余强度与试验结果有很好的一致性（表 5.1 和表 5.2）。峰值强度差值最大不超过 4%，残余强度最大差值不超过 8%，说明数值仿真试验程序能够应用于节理岩体工程力学特性参数确定的研究。

（3）对比线弹性阶段和残余变形阶段，数值仿真试验程序得到应力-应变曲线与试验结果符合程度很高，这主要是由于数值仿真试验能够很好模拟节理岩体破坏前和破坏后的几何形态，这种几何形态控制了节理岩体线弹性阶段和残余变形阶段的应力、应变关系。这样的对比结果也从一定程度上反映了数值仿真试验程序能够模拟节理岩体的破坏过程和最终破坏形态。

5.2 基于数值仿真试验的节理岩体工程力学特性

表 5.1　　　　数值仿真试验峰值强度与试验结果对比统计表

试验项目		法向应力水平/MPa				
		0.5	1.0	1.5	2.0	2.5
完整岩体	试验结果	3.12	3.60	3.91	4.36	4.82
	数值仿真结果	3.01	3.49	3.78	4.19	4.69
	理论解	—	—	—	—	—
结构面	试验结果	0.88	1.20	1.48	1.78	2.08
	数值仿真结果	0.86	1.20	1.48	1.78	2.07
	理论解	—	—	—	—	—
Ⅰ型	试验结果	1.99	2.41	2.67	3.07	3.35
	数值仿真结果	1.93	2.34	2.60	2.97	3.26
	理论解	1.94	2.24	2.61	3.11	3.60
Ⅱ型	试验结果	1.85	2.37	2.53	2.94	3.25
	数值仿真结果	1.82	2.36	2.49	2.92	3.21
	理论解	1.68	−8.10	−0.43	2.14	7.29
Ⅲ型	试验结果	1.91	2.38	2.75	3.07	3.39
	数值仿真结果	1.86	2.35	2.71	2.99	3.30
	理论解	1.96	2.20	2.62	3.15	3.65
Ⅳ型	试验结果	1.91	2.38	2.75	3.07	3.39
	数值仿真结果	1.88	2.36	2.75	3.06	3.34
	理论解	1.41	1.89	2.25	2.53	2.80
Ⅴ型	试验结果	2.49	2.90	3.21	3.64	3.99
	数值仿真结果	2.46	2.85	3.23	3.57	3.90
	理论解	2.35	2.70	3.12	3.73	4.32

表 5.2　　　　数值仿真试验残余强度与试验结果对比统计表

试验项目		法向应力水平/MPa				
		0.5	1.0	1.5	2.0	2.5
完整岩体	试验结果	1.38	1.51	2.18	2.38	2.65
	数值仿真结果	1.32	1.39	2.05	2.26	2.62
	理论解	−4.41	−7.67	−5.74	−5.23	−1.09

续表

试验项目		法向应力水平/MPa				
		0.5	1.0	1.5	2.0	2.5
结构面	试验结果	—	—	—	—	—
	数值仿真结果	—	—	—	—	—
	理论解	—	—	—	—	—
Ⅰ型	试验结果	1.3	1.45	1.91	2.06	2.32
	数值仿真结果	1.24	1.39	1.79	1.98	2.15
	理论解	−4.39	−4.35	−6.43	−3.89	−7.22
Ⅱ型	试验结果	1.21	1.26	1.39	1.58	2.48
	数值仿真结果	1.13	1.23	1.31	1.50	2.39
	理论解	−6.24	−2.57	−5.44	−5.31	−3.55
Ⅲ型	试验结果	0.91	1.01	1.26	1.92	1.89
	数值仿真结果	0.84	1.01	1.22	1.86	1.81
	理论解	−7.61	−0.18	−3.52	−2.98	−4.25
Ⅳ型	试验结果	0.87	0.98	1.40	1.49	1.75
	数值仿真结果	0.87	0.98	1.32	1.45	1.74
	理论解	−0.49	−0.20	−5.78	−2.43	−0.34
Ⅴ型	试验结果	1.60	1.64	1.95	2.24	2.59
	数值仿真结果	1.57	1.55	1.81	2.06	2.58
	理论解	−2.04	−5.47	−7.16	−7.97	−0.23

5.2.2　动态裂纹扩展模拟

上述对比分析可知，由于数值仿真试验程序没有定义裂纹扩展速度，每次破坏 1 个物理单元，通过裂纹扩展准则判断单元起裂和止裂，模拟扩展速度与实际扩展速度存在一定差异。因此尝试引入动态扩展模型，解决裂纹扩展速度的问题。

Mott、Davis[156] 在 Griffith 理论的基础上，通过定量方法对裂纹扩展速度进行计算。Mott、Davis[156] 假定裂纹扩展速度比物体内声音的传播速度要小，则物体内单位厚度动能可以通过式（5.1）表示：

$$E_g = \frac{1}{2}\rho v^2 \iint \left[\frac{\mathrm{d}u(x,y)}{\mathrm{d}a} \right]^2 \mathrm{d}x\,\mathrm{d}y \tag{5.1}$$

式中：ρ 为物理密度；v 为裂纹扩展速度；$u(x, y)$ 为物体静态位移场。

根据量纲分析可知，$\iint \left[\dfrac{du(x, y)}{da} \right]^2 dx dy$ 与 $\left(\dfrac{a\sigma}{E} \right)^2$ 同量纲，则式（5.1）可采用式（5.2）表示：

$$E_g = \frac{1}{2} k\rho v^2 \left(\frac{a\sigma}{E} \right)^2 \tag{5.2}$$

式中：k 为待定系数。

根据能量守恒定理可得

$$\frac{1}{2} k\rho v^2 \left(\frac{a\sigma}{E} \right)^2 - \frac{\pi a^2 \sigma^2}{E} + 4\gamma a = C \tag{5.3}$$

式中：$\dfrac{\pi a^2 \sigma^2}{E}$ 为减小的动能；$4\gamma a$ 为裂纹增加的表面能；C 为系统总能力的常数。

经简化后裂纹扩展速度表达式为

$$v = \left(\frac{2\pi}{k} \right)^{\frac{1}{2}} \left(\frac{E}{\rho} \right)^{\frac{1}{2}} \left(1 - \frac{a_0}{a} \right)^{\frac{1}{2}} \tag{5.4}$$

式中：a_0 为裂纹初始半长度。

裂纹扩展速度表达式可以进一步简化为

$$v = \left(\frac{2\pi}{k} \right)^{\frac{1}{2}} \left(\frac{E}{\rho} \right)^{\frac{1}{2}} \left(1 - \frac{a_0}{a} \right)^{\frac{1}{2}} \tag{5.5}$$

裂纹动态扩展过程中，动态应力强度因子可以通过式（5.6）进行确定：

$$K(t) = k(v) K(0) \tag{5.6}$$

其中

$$k(v) = \left(1 - \frac{v}{C_R} \right) (1 - hv)^{-\frac{1}{2}}$$

$$h = \frac{2}{c_1} \left(\frac{c_2}{R} \right)^2 \left(1 - \frac{c_2}{c_1} \right)^2$$

式中：C_R 为 Rayleigh 表面波速；c_1、c_2 分别为材料的膨胀波速和剪切波速。

引入动态裂纹扩展速度和动态强度因子后，重新对典型应力-应变曲线进行对比分析，模拟结果如图 5.3 所示。从图 5.3 中可以看出，引入动态裂纹扩展速度和强度因子后裂纹扩展速度为非线性的扩展。起裂时迅速达到最大开裂速度，然后随着裂纹扩展能力损耗，裂纹扩展速度逐渐降低，通过这样的模拟使得数值仿真计算结果中剪断型和复合剪断型与实际情况符合程度更高，提高了模拟精度。与脆断型的符合程度仍较低。

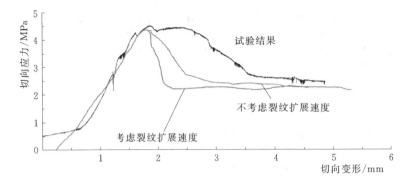

（a）屈服型，无结构面岩体模型，法向应力 2.5MPa

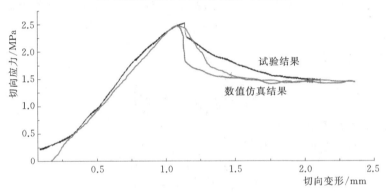

（b）剪断型，Ⅰ型节理岩体，法向应力 1.0MPa

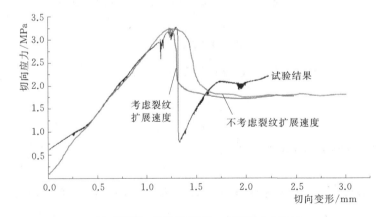

（c）脆断型，Ⅲ型节理岩体，法向应力 2.5MPa

图 5.3（一）　考虑裂纹扩展速度后，典型应力-应变曲线的室内直剪试验和
数值仿真试验计算结果对比

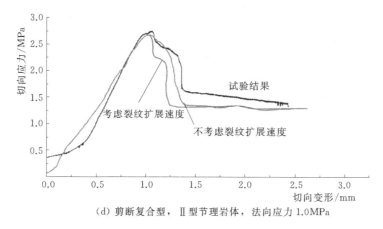

(d) 剪断复合型，Ⅱ型节理岩体，法向应力 1.0MPa

图 5.3（二） 考虑裂纹扩展速度后，典型应力-应变曲线的室内直剪试验和
数值仿真试验计算结果对比

5.2.3 关于裂纹扩展速度的讨论

裂纹扩展速度是断裂力学中的一个重要研究课题，本书通过引入相关概念实现了剪断型和复合剪断型应力-应变曲线的模拟，提高了数值仿真试验的精度。但由于目前裂纹扩展速度由节理扩展长度和物体本身特性来确定，却没有考虑到节理的空间分布形态。因此，无法模拟由于结构面空间分布形态决定的岩体瞬时脆性破坏，这将是本书后续需要完善的内容。但从工程实际应用和节理岩体工程力学特性角度出发，当前的节理岩体破坏过程模拟程序能够很好模拟节理岩体的破坏过程、最终破坏形态并获得合理的峰值和残余抗剪强度，能够满足工程应用和结构岩体工程力学特性参数确定的要求。

5.3 节理岩体尺寸效应

节理岩体的尺寸效应主要包括两个方面：一方面是由于重力引起的应力变化，导致节理岩体工程力学特性发生变化；另一方面是由于岩体中结构面分布形式的不同，导致对不同几何尺寸的节理岩体出现不同的工程力学特性。本节主要研究由结构面空间分布特征引起的节理岩体的尺寸效应。具体研究思路如下：

（1）在大样本现场结构面统计规律基础上，对岩体结构面进行计算机网络模拟。

（2）通过数值试样自动生成程序，截取不同尺寸的节理岩体试样，进行不同应力条件下的节理岩体数值试验。

（3）基于大样本数值试验，获取不同尺寸条件下节理岩体的工程力学特性参数。

（4）研究节理岩体工程力学特性参数与试样尺寸之间的关系，如果节理岩体工程力学特性参数随着试样的尺寸变化而变化，最终趋于一个稳定值，则这个稳定值可作为大型岩体工程表征岩体强度参数，进入稳定值的临界尺寸为岩体表征单元体。

5.4　节理岩体各向异性

节理岩体工程特性参数是各向异性的，得到节理岩体某一方向上的（各向异性）工程特性指标对实际工程设计、管理和施工都有显著的指导意义。通过数值模型试验能够方便地得到节理岩体强度参数的各向异性指标。具体研究思路如下：

（1）在大样本现场结构面统计规律基础上，对岩体结构面进行计算机网络模拟。

（2）通过数值试样自动生成程序，截取方向的节理岩体试样，在不同方向的条件下进行节理岩体数值试验，数值试样的尺寸可根据实际工程确定，也可根据岩体表征单元体尺寸确定。

（3）基于大样本数值试验获取不同方向条件下节理岩体的工程力学特性参数。

（4）研究节理岩体工程力学特性参数与试样角度之间的关系，各处节理岩体各向异性的强度参数指标，为工程设计和施工提供科学依据。

5.5　工程实例

5.5.1　工程概况

锦屏一级水电站左岸边坡从高程 2110.00m 开始以 1∶0.5～1∶0.3 的坡度下切，直至高程 1580.00m，形成一个高达 530m 的人工边坡。其开挖高度世界罕见，其稳定性关系到整个工程建设的成败，如图 5.4 所示。因此，对岩体工程力学特性参数进行深入研究是非常必要的。在开挖边坡上典型区域中进行了详细的地质调查工作，其中在 PD38、PD42 等平硐中进行了结构面精细测量，结构面统计成果见表 5.3。其中一次结构面网络模拟结果如图 5.5 所示，通过室内试验确定岩体和结构面参数见表 5.4。

图 5.4 锦屏一级水电站左岸高边坡

表 5.3 锦屏一级左岸结构面几何参数统计成果表

| 序号 | 结构面产状 | | 几何参数 | 分布概型 | 均质 | 标准差 |
	倾向	倾角				
1	258.56°～330.56°	24.39°～65.39°	间距/m	负指数	1.65	1.65
			倾向/(°)	对数正态	284.4	14.13
			倾角/(°)	对数正态	43.22	7.61
			迹长/m	正态	0.90	0.41

序号	结构面产状		几何参数	分布概型	均质	标准差
	倾向	倾角				
2	120.39°～162.39°	44.83°～82.00°	间距/m	对数正态	1.56	3.98
			倾向/(°)	正态	138.13	13.26
			倾角/(°)	对数正态	61.26	8.11
			迹长/m	正态	2.50	0.33
3	80.46°～119.46°	45.89°～74.89°	间距/m	负指数	3.06	3.06
			倾向/(°)	正态	96.39	11.59
			倾角/(°)	正态	59.05	5.99
			迹长/m	正态	2.49	0.37
4	16.34°～76.34°	47.32°～90.00°	间距/m	对数正态	1.58	4.83
			倾向/(°)	正态	40.70	16.52
			倾角/(°)	均匀	70.01	11.30
			迹长/m	正态	3.07	1.62
5	170.62°～220.62° 346.42°～360.00°	52.26°～90.00° 65.75°～90.00°	间距/m	对数正态	1.05	2.79
			倾向/(°)	均匀	192.56	13.49
			倾角/(°)	正态	80.76	13.80
			迹长/m	对数正态	2.49	1.19

表 5.4　　　　　　　　　　锦屏左岸边坡输入参数表

参数	弹性模量 E/GPa	泊松比	密度/(kg/m³)	黏聚力 c/MPa	内摩擦角 φ/(°)
岩体	20GPa	0.21	2830	2.0	51.3
结构面	—	—	—	0.1	24.2

5.5.2　节理岩体尺寸效应

在结构面网络模拟的基础上，分别截取试样尺寸为 1m、2m、3m、…、15m 的试样进行直剪的数值仿真试验，截取试样示意图如图 5.6 所示。

当试样尺寸为 1m、4m 时，在法向应力 0.5MPa 的条件下，数值试验部分计算分别如图 5.7 和图 5.8 所示；当试样尺寸为 4m 时，通过数值试验计算得到的不同尺寸试样的强度参数见表 5.5，强度参数随节理岩体试样尺寸变化如图 5.9 所示。节理岩体工程力学特性参数随着试样尺寸的变

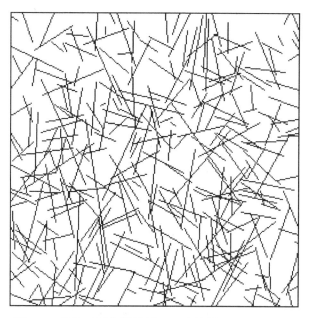

图 5.5 结构面网络模拟图，一次抽样（30m×30m）

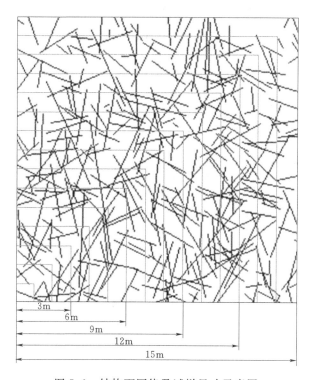

图 5.6 结构面网络及试样尺寸示意图

化而变化。本次研究中当试样尺寸超过 8m 时，节理岩体工程力学特性参数基本稳定，认为该参数作为大型岩体工程的节理岩体工程力学特性参数较为合适，8m 为节理岩体表征单元体长度。

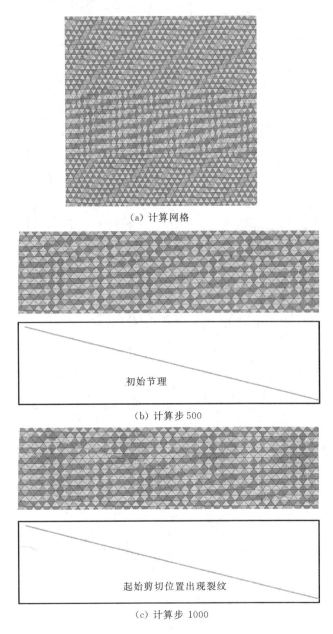

（a）计算网格

初始节理

（b）计算步 500

起始剪切位置出现裂纹

（c）计算步 1000

图 5.7（一）　试验尺寸 1m，数值试验计算结果

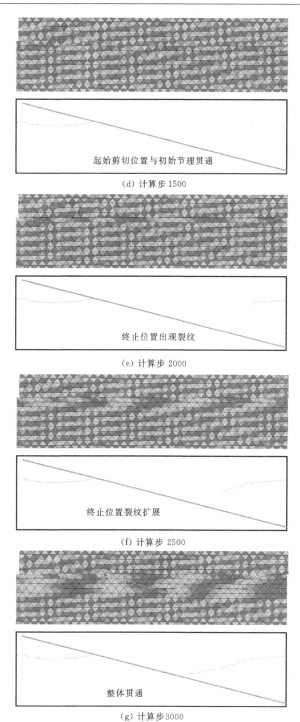

（d）计算步 1500

（e）计算步 2000

（f）计算步 2500

（g）计算步 3000

图 5.7（二） 试验尺寸 1m，数值试验计算结果

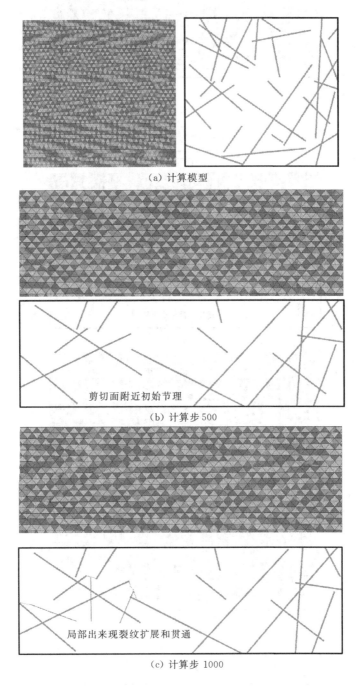

(a) 计算模型

剪切面附近初始节理

(b) 计算步 500

局部出来现裂纹扩展和贯通

(c) 计算步 1000

图 5.8（一） 试样尺寸 4m，数值试验计算结果

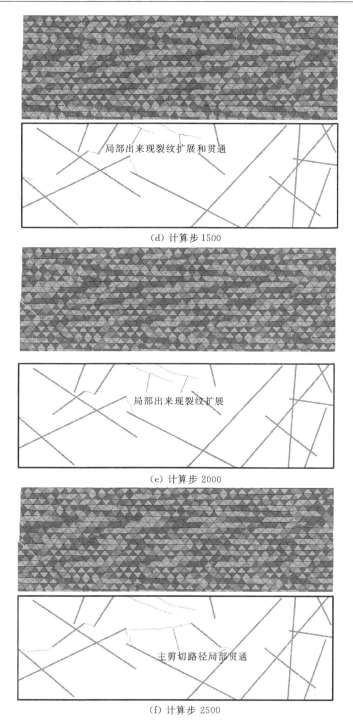

（d）计算步1500

（e）计算步 2000

（f）计算步 2500

图 5.8（二） 试样尺寸 4m，数值试验计算结果

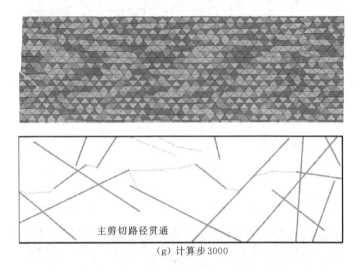

（g）计算步 3000

图 5.8（三）　试样尺寸 4m，数值试验计算结果

　　重新生成结构面网络（本次研究进行了 200 次模拟），分别截取试样尺寸为 1m、2m、3m、…、15m 的试样进行直剪的数值仿真试验。计算结果表明，本研究区域节理岩体表征单元体长度为 8m，10 次节理岩体工程力学特性参数计算结果见表 5.6。

表 5.5　　　不同试样尺寸，节理岩体工程力学特性参数统计表

	试验尺寸/m	1	2	3	4	5	6	7	8
峰值	内摩擦角 ϕ_p/(°)	1.80	2.09	1.74	1.86	1.59	1.49	1.23	1.22
	黏聚力 c_p/MPa	40.93	43.52	44.12	50.46	49.98	50.07	45.62	48.61
残余	内摩擦角 ϕ'_r/(°)	1.20	1.41	1.17	1.23	1.08	0.98	0.90	0.85
	黏聚力 c'_r/MPa	32.77	36.30	35.79	40.86	41.98	40.61	37.10	39.49
	试验尺寸/m	9	10	11	12	13	14	15	
峰值	内摩擦角 ϕ_p/(°)	1.21	1.15	1.20	1.20	1.22	1.17	1.20	
	黏聚力 c_p/MPa	47.42	47.78	48.08	48.93	46.98	47.62	48.09	
残余	内摩擦角 ϕ'_r/(°)	0.85	0.84	0.78	0.84	0.83	0.79	0.83	
	黏聚力 c'_r/MPa	38.91	39.34	39.23	39.67	39.40	38.42	39.94	

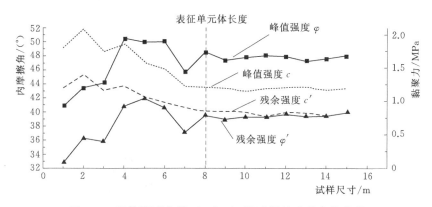

图 5.9 岩体强度参数（c 和 ϕ）随试样尺寸的变化曲线

表 5.6　　　　试样尺寸 8m，节理岩体工程力学特性参数统计表

结构面网络 模拟次数	峰 值 强 度		残 余 强 度	
	内摩擦角 ϕ_p/(°)	黏聚力 c_p/MPa	内摩擦角 ϕ_r'/(°)	黏聚力 c_r'/MPa
1	1.23	50.43	0.87	38.62
2	1.21	49.57	0.81	38.24
3	1.16	49.61	0.84	39.70
4	1.16	48.17	0.83	37.92
5	1.19	48.02	0.85	38.91
6	1.16	47.30	0.81	39.82
7	1.15	48.04	0.85	40.64
8	1.18	47.10	0.86	41.22
9	1.15	48.25	0.82	36.90
10	1.17	48.88	0.85	39.08
均值	1.18	48.54	0.84	39.10
标准差	0.03	1.07	0.02	1.29

5.5.3 节理岩体各向异性参数

在表征单元体长度和强度参数确定的基础上，进行各向异性参数确定的研究，截取长度为 8m 的节理岩体进行各向异性参数研究，试样截取过程如图 5.10 所示。同样进行 10 次节理岩体工程力学特性参数确定的直剪试验，得到统计意义上的各向异性的参数，见表 5.7 和图 5.11。

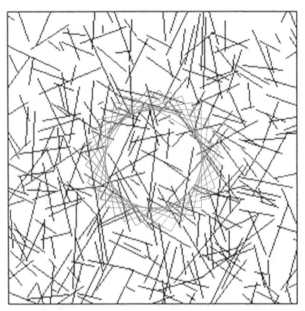

以 10°为间隔，截取数值试样

图 5.10　结构面网络及不同方向示意图

表 5.7　　　　　　　　　　　　节理岩体各向异性参数

剪切方向/(°)			0	10	20	30	40	50	60	70	80
峰值强度	c_p/MPa	均值	1.18	1.24	1.27	1.16	1.21	1.18	1.19	1.05	1.16
		标准差	0.12	0.04	0.12	0.12	0.12	0.08	0.12	0.07	0.09
	ϕ_p/(°)	均值	48.54	52.63	50.31	46.28	45.91	47.16	47.11	41.42	45.76
		标准差	2.03	2.43	1.79	2.70	2.02	2.51	1.13	2.03	2.60
残余强度	c_r'/MPa	均值	0.84	0.89	0.89	0.86	0.89	0.87	0.84	0.77	0.79
		标准差	0.10	0.17	0.12	0.19	0.15	0.15	0.20	0.20	0.19
	ϕ_r'/(°)	均值	39.10	41.89	38.72	37.48	37.54	38.48	37.44	36.57	37.30
		标准差	2.73	1.50	2.71	1.39	2.34	1.17	2.71	2.13	1.38
剪切方向/(°)			90	100	110	120	130	140	150	160	170
峰值强度	c_p/MPa	均值	0.91	1.08	1.10	1.04	1.22	1.14	1.09	1.09	1.20
		标准差	0.10	0.06	0.10	0.06	0.12	0.07	0.08	0.06	0.06
	ϕ_p/(°)	均值	37.02	41.02	43.91	39.83	44.72	44.52	46.18	47.00	46.01
		标准差	1.37	2.43	1.29	1.20	1.49	1.48	1.52	1.80	1.72

剪切方向/(°)			90	100	110	120	130	140	150	160	170
残余强度	c_r'/MPa	均值	0.66	0.70	0.80	0.74	0.82	0.83	0.77	0.85	0.89
		标准差	0.16	0.08	0.18	0.09	0.09	0.20	0.12	0.10	0.08
	ϕ_r'/(°)	均值	28.41	33.56	37.49	32.58	37.54	38.18	37.45	37.60	38.76
		标准差	2.49	2.74	2.67	1.68	1.88	1.12	2.61	3.00	1.56

剪切方向/(°)			180	190	200	210	220	230	240	250	260
峰值强度	c_p/MPa	均值	1.30	1.25	1.20	1.16	1.20	1.23	1.19	1.08	1.15
		标准差	0.10	0.11	0.08	0.05	0.09	0.09	0.05	0.12	0.05
	ϕ_p/(°)	均值	51.83	50.74	49.90	48.92	47.73	47.23	47.79	43.79	43.10
		标准差	1.10	2.58	1.39	1.79	2.01	2.68	1.41	2.53	1.64
残余强度	c_r'/MPa	均值	0.86	0.90	0.88	0.85	0.83	0.90	0.80	0.78	0.81
		标准差	0.19	0.15	0.09	0.15	0.18	0.12	0.11	0.19	0.14
	ϕ_r'/(°)	均值	41.89	44.06	40.75	37.63	39.95	40.27	38.32	34.12	37.70
		标准差	2.52	2.63	2.72	1.37	2.28	1.72	2.38	1.23	1.73

剪切方向/(°)			270	280	290	300	310	320	330	340	350
峰值强度	c_p/MPa	均值	0.95	0.98	1.16	1.06	1.14	1.21	1.12	1.10	1.25
		标准差	0.07	0.06	0.10	0.08	0.08	0.12	0.10	0.06	0.06
	ϕ_p/(°)	均值	37.70	39.55	46.67	41.91	45.84	47.21	46.46	47.45	46.76
		标准差	1.53	1.90	1.06	1.15	2.85	1.50	1.49	2.07	1.78
残余强度	c_r'/MPa	均值	0.64	0.77	0.75	0.73	0.83	0.83	0.81	0.86	0.86
		标准差	0.15	0.07	0.09	0.18	0.17	0.11	0.11	0.08	0.07
	ϕ_r'/(°)	均值	28.58	32.08	35.67	32.66	36.87	37.04	37.36	36.32	40.48
		标准差	1.05	2.08	2.63	1.64	2.17	1.51	1.55	0.96	0.76

　　数值模型试验的试样是在结构面网络计算机模拟结果中截取的，而结构面网络计算机模拟是对真实岩体结构的随机抽样。根据统计学原理，随着这种随机抽样数目的增加，在结构面网络模拟上获得的有关信息的平均值，将逐步逼近真实岩体的真实值。因此，通过大样本数值模型试验，得到统计意义上的节理岩体工程力学特性参数是其真实值。

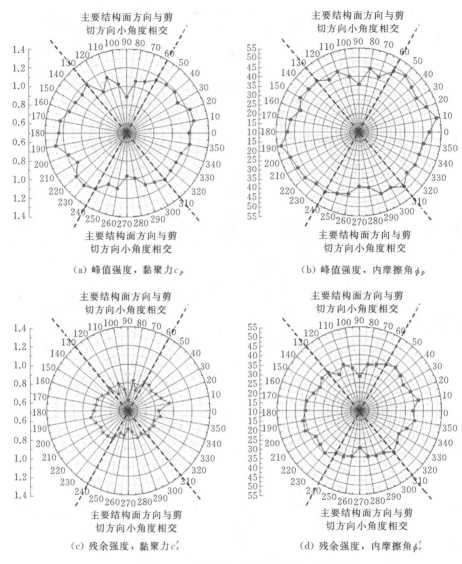

（a）峰值强度，黏聚力 c_p

（b）峰值强度，内摩擦角 ϕ_p

（c）残余强度，黏聚力 c_r'

（d）残余强度，内摩擦角 ϕ_r'

图 5.11　节理岩体各向异性参数图

5.6　本章小结

本章内容是项目前期研究成果的集成、总结和应用，主要结论如下：

（1）引入裂纹动态扩展速率和动态应力强度因子，实现除脆断型以外所有应力-应变曲线的模拟，提高了模拟精度。通过与室内试验结果对比，现有数值试验程序能够获得合理的节理岩体峰值强度和残余强度,峰值强度误差不超过 4%,残余强度误差不超过 8%,可以用于节理岩体工程力学特性参数的确定。

(2) 提出了通过物理试验方法和数值模型试验方法综合确定岩体力学参数的方法体系。其基本步骤是:在野外结构面实测资料基础上,应用网络模拟技术在计算机中再现与现场具有相同统计特征的"岩体结构";在结构面网络模拟结果中截取试样,将通过室内试验确定的节理岩体中岩块和结构面工程力学参数作为基本输入参数,进行数值试验;通过数值模型试验确定节理岩体在一定应力水平下的应力-应变全过程曲线,进而确定节理岩体工程力学参数;在大量的数值模型试验基础上,求得相应的统计指标。

(3) 给出了考虑节理岩体尺寸效应和各向异性的参数的确定方法,并通过锦屏一级水电站左岸高陡边坡岩体抗剪强度参数的确定,验证了该方法的工程适用性。

第6章 结 论

本书针对节理岩体的破坏过程和强度、变形的特征问题，开展室内模型试验、数值仿真试验和大样本数值仿真试验研究；实现了对节理岩体变形、破坏、扩展演化全过程的模拟；提出基于大样本数值试验的节理岩体工程力学特性参数确定的方法。主要研究成果与结论归纳如下：

（1）在制作了典型节理岩体制模装置、优化了试验检测系统和进行了7种岩体模型的室内直剪试验的基础上，获得了节理岩体在剪切荷载作用下的变形、破坏、扩展演化全过程的试验数据和图像资料，为本研究工作提供了原始试验数据；室内试验结果表明，节理岩体模型破坏为节理、岩桥搭接破坏，节理的空间分布形式对破坏模式和破坏过程起控制作用；节理岩体破坏过程的应力应变曲线可划分为六个阶段（压密阶段、线弹性变形阶段、隐形裂纹阶段、微小裂纹阶段、裂纹扩展阶段、残余变形阶段）、五种类型（滑动型、屈服型、剪断型、脆断型、剪断复合型）；对 Jennings 加权平均法和基于 Lajtai 岩桥破坏理论的进行试验验证，验证结果表明 Jennings 方法计算得到的节理岩体的抗剪强度参数比试验得到的抗剪强度偏高（10.4%～33.6%）；基于 Lajtai 岩桥破坏理论的强度准计算得到抗剪强度偏低与试验结果相对误差较小，小于 9%，可用于节理岩体综合抗剪强度计算。

（2）数值流形法两套网格（数学网格、物理网格）的使用，即能精确模拟连续的位移场，也能模拟物体之间的接触和分离，非常适合节理岩体这种断续介质破坏过程的模拟；通过在流形元的分步计算中修正单元密度以实现"质量守恒"。计算结果表明，考虑"质量守恒"的流形元模拟提高了计算的精度；在矩阵表达式二维块体搜索的基础上，引入了虚拟节理技术，改进节理岩体数值流形单元生成的算法，使得节理的分布不会因为块体搜索而改变长度，并开发了数值试样自动生成的程序。

（3）引入矢量运算，推导所有几何关系判断的矢量运算公式，构建三维空间块体搜索的矩阵表达式，实现三维块体搜索。为开展节理岩体在三维条件下的研究奠定了基础，对未来研究进行了初步探索。

（4）结合断裂力学应力强度因子的概念，采用围线积分法计算裂纹尖端应力强度因子，引入无结构面岩体破坏准则、实现对多节理岩体中岩桥搭接破坏过程的模拟；基于数值流形法两套单元的基本概念，解决了节理岩体破坏过程中数学单元、物理单元的重构及应力传递问题，开发了对节理岩体变形、破坏、扩展演化全过程进行模拟的程序；对含预制裂纹的单轴压缩试验和本研究的典型结构面分布形式的节理岩体直剪试验进行对比验证，验证结果表明节理岩体变形、破坏、扩展演化全过程模拟程序结果与试验结果具有很好的几何一致性，能够模拟节理岩体变形、破坏、扩展演化的全过程。

（5）通过裂纹动态扩展速率和动态应力强度因子，实现对除脆断型以外的所有的应力应变曲线的模拟，提高了模拟的精度。通过与室内试验结果对比，现有数值试验程序能够获得合理的节理岩体峰值强度和残余强度，峰值强度误差不超过 4%，残余强度误差不超过 8%，可以用于节理岩体工程力学特性参数的确定；提出了通过物理试验方法和数值模型试验方法综合确定岩体工程力学特性参数的方法体系，该方法考虑了节理岩体的尺寸效应和各向异性。并通过锦屏一级水电站左岸高陡边坡岩体抗剪强度参数的确定，验证了该方法的工程适用性。

参 考 文 献

［1］ 徐志英. 岩石力学 [M]. 北京：水利电力出版社，1986.

［2］ 孙广忠. 岩体力学基础 [M]. 北京：科学出版社，1983.

［3］ 陆家佑. 岩体力学及其工程应用 [M]. 北京：中国水利水电出版社，2011.

［4］ 刘佑荣，唐辉明. 岩体力学 [M]. 武汉：中国地质大学出版社，1999.

［5］ 谷德振. 岩体工程地质力学基础 [M]. 北京：科学出版社，1979.

［6］ GOODMAN R E, TAYLOR R L, BREKKE T L. A model for the mechanics of jointed rock [J]. Journal of Soil Mechanics & Foundations Div, 1968, 99 (5): 637-660.

［7］ GOODMAN R E. Methods of geological engineering in discontinue rocks [M]. New York: West Publishing, 1976.

［8］ BANDIS C, LUMSDEN A C, BARTON N R. Fundamentals of rock joint deformation [J]. International Journal of Rock Mechanics & Mining Sciences, 1983, 20 (6): 249-268.

［9］ KIM K, CREMER M L. Rock mass deformation properties of closely jointed basalt [J]. Rock Mechanics, 1982, 12 (1): 210-230.

［10］ 李建林，孟庆义. 卸荷岩体的各向异性研究 [J]. 岩石力学与工程学报，2001，20 (3): 338-341.

［11］ 李建林，王乐华. 节理岩体卸荷非线性力学特性研究 [J]. 岩石力学与工程学报，2007, 10 (2): 1968-1975.

［12］ 李建林，王乐华，孙旭曙. 节理岩体卸荷各向异性力学特性试验研究 [J]. 岩石力学与工程学报，2014, 33 (5): 892-900.

［13］ BARTON N. Review of a new shear-strength criterion for rock joints [J]. Engineering Geology, 1973, 7: 287-332.

［14］ BARTON N. The shear strength of rock and rock joints [J]. International Journal of rock mechanics and mining, 1976, 13: 255-279.

［15］ BARTON N, CHOUBEY V. The shear strength of rock joints in theory and practice [J]. Rock Mechanics, 1977, 10: 1-54.

［16］ BARTON N, BANDIS S, BAKHTAR K. Strength, deformation and conductivity coupling of rock joints [J]. Journal of Rock Mechanics and Mining, 1985, 22 (3): 121-140.

［17］ PATTON F D. Multiple models of shear failure in rock [C] //Proceedings of the first congress of ISRM. Lisbon, 1966: 509-513.

［18］ 肖维民，邓荣贵，付小敏，等. 单轴压缩条件下柱状节理岩体变形和强度各向异性模型试验研究 [J]. 岩石力学与工程学报，2014, 33 (5): 957-963.

［19］ 孙旭曙，李建林，王乐华. 节理岩体超声测试及单轴压缩试验研究 [J]. 岩土力学，

2014, 35 (12): 3473 - 3479.

[20] GREENWOOD J A, WILLIAMSON J B P. Contact of Nominally Flat Surfaces [J]. Mathematical and Physical Sciences, 1966, 295 (1442): 300 - 319.

[21] GREENWOOD J A, TRIPP J H. The Elastic Contact of Rough Spheres [J]. Mathematical and Physical Sciences, 1967, 34 (1): 153 - 159.

[22] GREENWOOD J A. A Unified Theory of Surface Roughness [J]. Mathematical and Physical Sciences, 1984, 393 (1804): 133 - 157.

[23] GREENWOOD J A. Adhesion of elastic spheres [J]. Mathematical and Physical Sciences, 1997, 453 (1961): 1277 - 1297.

[24] GREENWOOD J A, DAVID D. Aids for Fitting the Gamma Distribution by Maximum Likelihood [J]. Technometrics, 1960, 2: 55 - 65.

[25] 夏才初, 孙宗颀, 潘长良. 不同形貌节理的剪切强度和闭合变形研究 [J]. 水利学报, 1996, (11): 28 - 32.

[26] 李海波, 刘博, 冯海鹏, 等. 模拟岩石结构面试样剪切变形特征和破坏机制研究 [J]. 岩土力学, 2008, 29 (7): 1741 - 1746.

[27] 沈明荣, 张清照. 规则齿型结构面剪切特性的模型试验研究 [J]. 岩石力学与工程学报, 2010, 29 (4): 713 - 719.

[28] 杜时贵, 黄曼, 罗战友, 等. 岩石结构面力学原型试验相似材料研究 [J]. 岩石力学与工程学报, 2010, 29 (11): 2263 - 2270.

[29] 张清照, 沈明荣, 丁其文. 结构面在剪切状态下的力学特性研究 [J]. 水文地质工程地质, 2012, 39 (2): 37 - 41.

[30] 罗战友, 杜时贵, 黄曼. 岩石结构面峰值摩擦角应力效应试验研究 [J]. 岩石力学与工程学报, 2014, 33 (6): 1142 - 1148.

[31] GRIFFITH A A. The phenomena of rupture and flow in solids [J]. Philosophical transactions of the royal society, 1921, 221: 163 - 198.

[32] EINSTEIN H H, DERSHOWITZ W S. Tensile and shear fracturing in predominantly compressive stress fields—a review [J]. Engineering Geology, 1990, 29 (2): 149 - 172.

[33] REYES O, EINSTEIN H H. Failure mechanisms of fractured rock a fracture coalescence model [C] // Proceedings of 7th International Congress of Rock Mechanics. USA: Balkema Publishes, 1991.

[34] SHEN B, STEPHANSSON O. Numerical analysis of masied model I and mode II fracture Propagation [J]. International Journal of Rock Mechanics & Mining Sciences, 1993, 30 (7): 861 - 867.

[35] SHEN B. Mechanics of Fractures and Intervening Bridges in Hard Rocks [D]. Stockholm: Royal Institute of Technology, 1993.

[36] SHEN B, STEPHANSSON O. Modification of the G - criterion for crack propagation subjected to compression [J]. Engineering Fracture Mechanics, 1994, 44 (2): 177 - 189.

[37] SHEN B. The mechanism of fracture coalescence in compression—experimental study and numerical simulation [J]. Engineering Fracture Mechanics, 1995, 51 (1):

73 – 85.

[38] CHAU K T，WONG R. Uniaxial compressive strength and point load strength of rocks [J]. International Journal of Rock Mechanics and Mining，1996，33（2）：183 – 188.

[39] WONG R，CHAU K T. Crack coalescence in a rock – like material containing two cracks [J]. International Journal of Rock Mechanics and Mining，1998，35（2）：147 – 164.

[40] CHAU K T，WEI X X，WONG R，et al. Fragmentation of brittle spheres under static and dynamic compressions：experiments and analyses [J]. Mechanics of Materials，2000，32（9）：543 – 554.

[41] WONG R，GUO Y，LI L Y，et al. Antiwing crack growth from surface flaw in real rock under uniaxial compression [J]. Fracture of Nano and Engineering Materials and Structures，2006：825 – 826.

[42] WONG R，LIN P，TANG C A. Experimental and numerical study on splitting failure of brittle solids containing single pore under uniaxial compression [J]. Mechanics of Materials，2006，23：219 – 224.

[43] WONG R，HUANG M L，JIAO M R，et al. The mechanisms of crack propagation from surface 3D fracture under uniaxial compression [J]. Mechanics of Materials，2006，38：142 – 159.

[44] BOBET A，EINSTEIN H H. Fracture coalescence in rock type material under uniaxial and biaxial compression [J]. International Journal of Rock Mechanics and Mining，1998，35（7）：863 – 888.

[45] 李术才，朱维申. 复杂应力状态下断续节理岩体断裂损伤机理研究及其应用 [J]. 岩石力学与工程学报，1999，18（2）：142 – 146.

[46] 张波，李术才，张敦福，等. 含充填节理岩体相似材料试件单轴压缩试验及断裂损伤研究 [J]. 岩土力学，2012，33（6）：1647 – 1652.

[47] 张波，李术才，杨学英. 含交叉裂隙节理岩体单轴压缩破坏机制研究 [J]. 岩土力学，2012，35（7）：1863 – 1870.

[48] 朱维申，陈卫忠，申晋. 雁型裂纹扩展的模型试验及断裂力学机制研究 [J]. 固体力学学报，1998，14（4）：355 – 360.

[49] 任建喜，葛修润，杨更社. 单轴压缩岩石损伤扩展细观机理 CT 实时试验 [J]. 岩土力学，2001，22（2）：130 – 133.

[50] 任建喜. 单轴压缩岩石旱变损伤扩展细观机理 CT 实时试验 [J]. 水利学报，2002，12（1）：10 – 15.

[51] 李宁，陈文玲，张平. 动荷作用下裂隙岩体介质的变形性质 [J]. 岩石力学与工程学报，2001，20（1）：74 – 78.

[52] 陈新，廖志红，李德建. 节理倾角及连通率对岩体强度、变形影响的单轴压缩试验研究 [J]. 岩石力学与工程学报，2011，30（4）：781 – 189.

[53] 陈新，李东威，王莉贤，等. 单轴压缩下节理间距和倾角对岩体模拟试件强度和变形的影响研究 [J]. 岩石力学与工程学报，2014，32（12）：2235 – 2246.

[54] LAJTAI E Z. Shear Strength of Weakness planes in Rock [J]. International Journal of

Rock Mechanics and Mining, 1969, 6 (7): 499 – 515.

[55] LAJTAI E Z. Strength of discontinuous rocks in direct shear [J]. Geotechnique. 1969, 19 (2): 218 – 233.

[56] LAJTAI E Z. A theoretical and experimental evaluation of the Griffith theory of brittle fracture [J]. Tectonophysics, 1971, 11 (1): 129 – 156.

[57] LAJTAI E Z. Effect of tensile stress gradient on brittle fracture initiation [J]. International Journal of Rock Mechanics and Mining, 1972, 9: 569 – 578.

[58] 周群力, 刘格非. 脆性材料的压剪断裂 [J]. 水利学报, 1982 (7): 63 – 67.

[59] 周群力. 岩石压剪断裂判据及其应用 [J]. 岩土工程学报, 1987, 9 (3): 33 – 37.

[60] 周群力, 刘振洪, 王良之. 岩石压剪的扩容效应 [J]. 岩石力学与工程程学报, 1999, 18 (4): 444 – 446.

[61] 范景伟, 何江达. 含未闭合断续节理岩体灌浆效果对强度影响的分析 [C] // 岩土力学数值方法的工程应用——第二届全国岩石力学数值计算与模型实验学术研讨会论文集. 北京: 中国岩石力学与工程学会, 1990.

[62] 刘东燕, 朱可善, 范景伟. 双向应力作用下 X 型断续节理岩体的强度特性研究 [J]. 重庆建筑工程学院学报, 1991, 13 (4): 40 – 46.

[63] 刘东燕, 范景伟. 二向应力作用下断续节理岩体的强度特性研究 [J]. 贵州工学院学报, 1991, 20 (4): 92 – 98.

[64] 范景伟, 何江达. 含定向闭合断续节理岩体的强度特性 [J]. 岩石力学与工程学报, 1992 (2): 190 – 199.

[65] 白世伟, 任伟中, 丰定祥. 平面应力条件下闭合断续节理岩体破坏机理及强度特性 [J]. 岩石力学与工程学报, 1999, 18 (6): 635 – 640.

[66] 白世伟, 任伟中, 丰定祥, 等. 共面闭合断续节理岩体强度特性直剪试验研究 [J]. 岩土力学, 1999, 20 (2): 10 – 16.

[67] 任伟中, 白世伟, 丰定祥. 平面应力条件下闭合断续节理岩体力学特性试验研究 [J]. 实验力学, 1999, 14 (4): 520 – 527.

[68] 任伟中, 王庚荪, 白世伟, 等. 共面闭合断续节理岩体的直剪强度研究 [J]. 岩石力学与工程学报, 2003, 22 (10): 1667 – 1672.

[69] 刘远明, 夏才初. 非贯通节理岩体直剪贯通模型和强度研究 [J]. 岩土工程学报, 2006, 28 (10): 1242 – 1247.

[70] 刘远明, 夏才初. 共面闭合非贯通节理岩体贯通机制和破坏强度准则研究 [J]. 岩石力学与工程学报, 2006, 25 (10): 2086 – 2091.

[71] 刘远明, 夏才初, 李宏哲. 节理研究进展及在非贯通节理岩体研究的应用 [J]. 地下空间与工程学报, 2007, 2 (4): 682 – 687.

[72] 刘远明, 夏才初. 非贯通节理岩体直剪试验研究进展 [J]. 岩土力学, 2007, 28 (8): 1719 – 1724.

[73] 刘远明, 夏才初. 基于岩桥力学性质弱化机制的非贯通节理岩体直剪试验研究 [J]. 岩石力学与工程学报, 2010, 29 (7): 1467 – 1472.

[74] 刘远明. 基于直剪试验的非贯通节理岩体扩展贯通研究 [D]. 上海: 同济大学, 2007.

[75] 刘远明, 刘杰, 夏才初. 不同节理表面形貌下非贯通节理岩体强度特性直剪试验研

究 [J]. 岩土力学, 2014, 35 (5): 1269 - 1274.

[76] 张志刚, 乔春生, 李晓. 单节理岩体强度试验研究 [J]. 中国铁道科学, 2007, 28 (4): 34 - 30.

[77] 刘红岩, 黄妤诗, 李楷兵, 等. 预制节理岩体试件强度及破坏模式的试验研究 [J]. 岩土力学, 2013, 34 (5): 1235 - 1241.

[78] GENS A, CAROL I, ALONSO E E. An interface element formulation for the analysis of soil – reinforcement interaction [J]. Compute Geotechnical, 1989, 7: 133 - 151.

[79] HENSHELL R D, SHAW K Q. Crack tip finite elements are unnecessary [J]. International Journal for Numerical Methods in Engineering, 1975, 9: 495 - 507.

[80] GENS A, CAROL I, ALONSO E E. Rock joints: FEM implementation and applications [C] // In: Sevaldurai, Boulon, editors. Mechanics of geomaterial interfaces. Amsterdam: Elsevier, 1995: 395 - 420.

[81] CLIVER J. Continuum modeling of strong discontinuities in solid mechanics using damage models [J]. Computational Mechanics, 1995, 17: 49 - 61.

[82] ZHAO Y L. An Experimental and Simulation Analysis on Fracture of Rock Bridge under Shear Pressure [J]. EJGE, 2013, 18: 419 - 426.

[83] 付金伟, 朱维申, 王向刚, 等. 节理岩体裂隙扩展过程一种新改进的弹脆性模拟方法及应用 [J]. 岩石力学与工程学报, 2012, 31 (10): 2088 - 2095.

[84] CHAN S K, TUBA I S, WILSON W K. On the finite element method in linear fracture mechanics [J]. Engineering Fracture Mechanics, 1970, 2: 1 - 17.

[85] SHA G T. On the virtual work extension technique for stress intensity factors and energy release rate calculations for mixed fracture mode [J]. International Journal of Fracture, 1984, 25: 33 - 42.

[86] TANG C A, LIN P, WONG R, et al. Analysis of crack coalescence in rock – like materials containing three flaws – part Ⅱ: numericalapproach [J]. International Journal of Rock Mechanics and Mining Sciences, 2001, 38 (7): 925 - 936.

[87] TANG C A, ZHU W C, YANG T H. Influence of heterogeneity on crack propagation mode in brittle rock under static load [C] // Proceedings of Development and Application of Discontinuous Modelling for Rock Engineering. Rotterdam: Balkema Publishers, 2003: 33 - 38.

[88] 唐春安, 王述红, 傅宇方. 岩石破裂过程数值试验 [M]. 北京: 科学出版社, 2003.

[89] 梁正召, 于跃, 唐世斌, 等. 刀具破岩机理的细观数值模拟及刀间距优化研究 [J]. 采矿与安全工程学报, 2012, 29 (1): 84 - 89.

[90] 廖志毅, 梁正召, 杨岳峰. 刀具动态作用下节理岩体破坏过程的数值模拟 [J]. 岩土工程学报, 2013, 35 (6): 1147 - 1155.

[91] CAMONESA L, VARGAS E, FIGUEIREDO R, et al. Application of the discrete element method for modeling of rock crack propagation and coalescence in the step – path failure mechanism [J]. Engineering Geology, 2013, 153: 80 - 94.

[92] BAHAADDINI M, HAGAN P C, MITRA R, et al. Scale effect on the shear behaviour of rock joints based on a numerical study [J]. Engineering Geology, 2014, 181: 212 - 223.

[93] ZHAO W H, HUANG R Q, YAN M. Study on the deformation and failure modes of rock mass containing concentrated parallel joints with different spacing and number based on smooth joint model in PFC [J/OL]. Rock Mechanics and Rock Engineering. Published online: 07 March 2015.

[94] LEMOS J V. Recent developments and future trends in distinct element methods - UDEC/3DEC and PFC codes (ICADD - 10). Hawaii, USA, 2011.

[95] JIAO Y Y, ZHANG X L. DDARF—A simple solution for simulating rock fragmentation (ICADD - 10). Hawaii, USA, 2011.

[96] YU S, WANG W, ZHU W. A numerical study on shear characteristics of jointed rock under thermo - mechanical coupled condition (ICADD - 10). Hawaii, USA, 2011.

[97] SUN L, ZHAO G F, ZHAO J. An introduction of particle manifold method (PMM) (ICADD - 10). Hawaii, USA, 2011.

[98] KIM T, LEE C S, JEON S. Modelling dynamic crack propagation by distinct lattice spring model (ICADD - 10). Hawaii, USA, 2011.

[99] 赵国彦, 戴兵, 董陇军. 罗山金矿节理岩体强度的 PFC^{3D} 模拟及其应用 [J]. 科技导报, 2011, 29 (33): 36 - 41.

[100] BAHAADDINI M, SHARROCK G, HEBBLEWHITE B K. Numerical direct shear tests to model the shear behaviour of rock joints [J]. Computers and Geotechnics, 2013, 51: 101 - 115.

[101] WHITE J A. Anisotropic damage of rock joints during cyclic loading: constitutive framework and numerical integration [J]. International Journal for Numerical and Analytical. 2014, 38: 1036 - 1057.

[102] 刘蕾, 陈亮, 崔振华, 等. 逆层岩质边坡地震动力破坏过程 FLAC/PFC 耦合数值模拟分析 [J]. 工程地质学报, 2014, 22 (6): 1257 - 1262.

[103] 石根华. 数值流形方法与非连续变形分析 [M]. 裴觉民, 译. 北京: 清华大学出版社, 1997.

[104] SHI G H. Manifold method of material analysis [C] // Transaction of the Ninth Army conference on applied mathematics and computing. Minneapolis, USA. 1991: 51 - 76.

[105] SHI G H. Modeling Rock Joints and Blocks by Manifold Method [A]. Proceedings of 32nd USA Symposium on Rock Mechanics [C]. 1992: 639 - 648.

[106] 张大林, 栾茂田, 扬庆, 等. 数值流形方法的网格自动剖分技术及其数值方法 [J]. 岩石力学与工程学报, 2004, 23 (11): 1836 - 1840.

[107] 韩有民, 罗先启, 王水林, 等. 裂纹扩展时物理覆盖与数学单元的生成算法 [J]. 岩土工程学报, 2005, 27 (6): 662 - 666.

[108] 凌道盛, 何淳健, 叶茂. 数值数学单元法数学单元自适应 [J]. 计算力学学报, 2008, 25 (2): 201 - 205.

[109] 李海枫, 张国新, 石根华, 等. 流形切割及有限元法网格覆盖下的三维数学单元生成 [J]. 岩石力学与工程学报, 2010, 29 (4): 731 - 742.

[110] CHEN G, AND Y O, ITO T. Development of high - order manifold method [J].

International Journal of Numerical Methods in Engineering，1998，43：685 - 712.

[111] 张国新. 流形元法与结构模拟分析 [J]. 中国水利水电科学研究院学报，2003 (1)：63 - 70.

[112] 王水林，冯夏庭，葛修润. 高阶流形方法模拟裂纹扩展研究 [J]. 岩土力学，2003 (24)：622 - 625.

[113] GRAYELI R，MORTAZAVI A. Discontinuous deformation analysis with second - order finite element meshed block [J]. International journal for numerical and analytical methods in geomechanics，2006，30：1545 - 1561.

[114] LIN D Z，MO H H. Manifold method of material analysis [C] // Jenner. In：Working Forum on the manifold method analysis. California. USA，1995：147 - 164.

[115] 周维垣，杨若琼，剡公瑞. 流形元法及其在工程中的应用 [J]. 岩石力学与工程学报，1996，15 (3)：211 - 218.

[116] 王芝银，王思敬，杨志法. 岩石大变形分析的流形方法 [J]. 岩石力学与工程学报，1997，16 (5)：399 - 404.

[117] 王芝银，李云鹏. 数值流形方法中的几点改进 [J]. 岩土工程学报，1998，20 (6)：33 - 36.

[118] 王书法，朱维申，李术才，等. 岩体弹塑性分析的数值流形方法 [J]. 岩石力学与工程学报，2002，21 (6)：900 - 904.

[119] 李树忱，李术才，张京伟. 势问题的数值流形方法 [J]. 岩土工程学报，2006，28 (12)：2092 - 2097.

[120] 苏海东，黄玉盈. 数值流形方法在流固耦合谐振分析中的应用 [J]. 计算力学学报，2007，24 (6)：823 - 828.

[121] 朱爱军，曾祥勇，邓安福. 数值流形方法框架下散体系统与连续介质共同作用模拟 [J]. 岩土力学，2008，30 (8)：2495 - 2500.

[122] ZHANG G X，SUGIURA Y，HASEGAWA H. Crack propagation and thermal fracture analysis by manifold method [C] // Proc. Of the second international conference in analysis of discontinues deformation. Kyoto，Japan，1997：282 - 297.

[123] CHIOU Y J，TSAY R J，CHUANG W L. Crack propagation using manifold method [C] // Proc. Of the second international conference in analysis of discontinues deformation. Kyoto. Japan. 1997：298 - 308.

[124] TSAY R J，CHIOU Y J，CHUANG W L. Crack Growth Prediction BY Manfold Method [J]. Journal of Engineering Mechanics，1999，125 (8)：884 - 890.

[125] 王水林，葛修润. 流形元方法在模拟裂纹扩展中的应用 [J]. 岩石力学与工程学报，1997，16 (5)：405 - 410.

[126] 王水林，葛修润，章光. 受压状态下裂纹扩展的数值分析 [J]. 岩石力学与工程学报，1999，18 (6)：671 - 675.

[127] CHIOU Y J，LEE Y M，TSAY R J. Mixed mode fracture propagation by manifold method [J]. International Journal of Fracture，2002，114：327 - 347.

[128] MA G W，AN X M，ZHANG H H，et al. Modeling complex crack problems using the numerical manifold method [J]. International Journal of Fracture，2009，156：

9342 - 9348.

[129] ZHANG H H, LI L X, AN X M, et al. Numerical analysis of 2 - D crack propagation problems using the numerical manifold method [J]. Engineering Analysis with Boundary Elements, 2010, 34: 41 - 50.

[130] 田荣. 连续与非连续变形分析的有限覆盖无单元方法及其应用研究 [D]. 大连: 大连理工大学, 2001.

[131] 彭华. 岩石边坡稳定分析的数值流形法研究 [D]. 武汉: 武汉大学, 2001.

[132] 彭自强. 数值流形方法与动态裂纹扩展模拟 [D]. 武汉: 中国科学院武汉岩土所, 2003.

[133] 李树忱. 断续节理岩体的无网格流形方法和实验研究 [D]. 上海: 上海大学, 2004.

[134] 王书法, 朱维申, 李术才, 等. 考虑侧向影响的数值流形方法及其工程应用 [J]. 岩石力学与工程学报, 2001, 20 (3): 297 - 300.

[135] 郑榕明, 张勇慧. 基于六面体覆盖的三维数值流形方法的理论探讨与应用 [J]. 岩石力学与工程学报, 2004, 23 (10): 1745 - 1754.

[136] 姜清辉, 邓书申, 周创兵. 三维高阶数值流形方法研究 [J]. 岩土工程学报, 2006, 27 (9): 1471 - 1474.

[137] 姜清辉, 王书法. 锚固岩体的三维数值流形方法模拟 [J]. 岩石力学与工程学报, 2009, 25 (3): 528 - 532.

[138] WU J H. New edge - to - edge contact calculating algorithm in three - dimensional discrete numerical analysis [J]. Advances in Engineering Software, 2008, 39: 15 - 24.

[139] GRAYELI R, HATAMI K. Implementation of the finite element method in the three - dimensional discontinuous deformation analysis (3D - DDA) [J]. International journal for numerical and analytical methods in geo - mechanics, 2008, 32: 1883 - 1902.

[140] CHENG Y M, ZHANG Y H. Formulation of a Three - dimensional Numerical Manifold Method with Tetrahedron and Hexahedron Elements [J]. Rock Mechanics and Rock Engineering, 2008, 41 (4): 601 - 628.

[141] JIANG O H, ZHOU C B, LI D Q. A three - dimensional numerical manifold method based on tetrahedral meshes [J]. Computers and Structures, 2009, 87: 880 - 889.

[142] 朱爱军, 邓安福, 曾祥勇. 数值流形法对岩土工程开挖卸荷的模拟 [J]. 岩土力学, 2006, 27 (2): 179 - 183.

[143] 张国新, 赵妍, 彭校初. 考虑岩桥断裂的岩质边坡倾倒破坏的流形元模拟 [J]. 岩石力学与工程学报, 2007, 26 (9): 1773 - 1780.

[144] 林绍忠, 明峥嵘, 祁勇峰. 用数值流形法分析温度场及温度应力 [J]. 长江科学院院报, 2007, 24 (5): 72 - 75.

[145] 刘红岩, 秦四清, 李厚恩, 等. 岩石冲击破坏的数值流形方法模拟 [J]. 岩土工程学报, 2007, 29 (4): 587 - 593.

[146] GEHLE C, KUTTER H K. Breakage and shear behaviour of intermittent rock joints

[J]. International Journal of Rock Mechanics & Mining Sciences，2003，40：687 - 700.

[147] 汪小刚，贾志欣，张发明，等. 岩体结构面网络模拟原理及其工程应用 [M]. 北京：中国水利水电出版社，2010.

[148] 蔡美峰，何满潮，刘燕东. 岩石力学与工程 [M]. 北京：科学出版社，2013.

[149] EINSTEIN H H, BAECHER G B. Probabilistic and Statistical Methods in Engineering Geology Part Ⅰ Exploration [J]. Rock Mechanics And Rock Engineering，1983，16 (1)：39 - 72.

[150] 李世愚，和泰名，尹祥础. 岩石断裂力学导论 [M]. 北京：中国科学技术大学出版社，2010.

[151] WESTERGAARD H M. Bearing Pressures and Cracks [J]. Journal of applied mechanics，1939，61：A49 - A53.

[152] 杨晓翔，范家齐，匡震邦. 求解混合型裂纹应力强度因子的围线积分法 [J]. 计算结果力学及其应用，1996，13 (1)：84 - 89.

[153] MUSKHELISHVILI N I. Some basic problems of the mathematical theory of elasticity [M]. Noordhoff Groningen，1972.

[154] 中国航空研究院. 应力强度因子手册 [M]. 北京：科学出版社，1981.

[155] 张秀丽. 断续节理岩体数值仿真分析方法研究 [D]. 北京：中科院研究生院，2007.

[156] MOTT N F, DAVIS E A. Electronic processes in non - crystalline materials [M]. Clarrendon，Oxford，1979.